工 程 力 学

主 编 张红春
副主编 高 健 赵 林
参 编 赵永鑫 闫换英

华中科技大学出版社
中国·武汉

内 容 简 介

为了适应高等职业教育改革"岗课赛证"和"三教改革"的要求,编者在课程改革建设的基础上,根据人才培养方案和课程标准,结合项目化教学编写本书。本书包括 6 个模块,即力和受力分析、平面力系的受力分析和平衡条件、轴向拉(压)杆的强度计算、弯曲直梁的内力与强度计算、剪切构件和扭转构件力学分析、细长压杆的稳定性分析。工程力学是专业基础课程,是土力学、建筑材料等课程的基础。

图书在版编目(CIP)数据

工程力学 / 张红春主编. -- 武汉 : 华中科技大学出版社,2025. 1. -- ISBN 978-7-5772-1413-9

Ⅰ. TB12

中国国家版本馆 CIP 数据核字第 20253QV451 号

工程力学
Gongcheng Lixue

张红春　主编

策划编辑:金　紫
责任编辑:李曜男
封面设计:原色设计
责任监印:朱　玢
出版发行:华中科技大学出版社(中国·武汉)　　　电话:(027)81321913
　　　　　武汉市东湖新技术开发区华工科技园　　　邮编:430223
录　　排:华中科技大学惠友文印中心
印　　刷:武汉市洪林印务有限公司
开　　本:787mm×1092mm　1/16
印　　张:13
字　　数:333 千字
版　　次:2025 年 1 月第 1 版第 1 次印刷
定　　价:49.80 元

前言
Preface

为了适应高等职业教育改革"岗课赛证"和"三教改革"的要求,进行人才培养模式的改革和以职业岗位核心技能为导向的课程体系的开发,本书结合国家职业教育道路桥梁工程技术专业教学资源库建设,进一步探索了专业基础理论课程学习"做中学"的教学要求,以满足道路桥梁技能型人才的力学素养的需要。本书通过工学项目设计、学习任务实施以及学生动手操作,使学生具有一定的力学知识应用能力,具备在生产中运用力学方法分析解决工程中遇到的简单力学问题的能力。本书以工程中的构件分析为主线,通过工程实例分析,突出工程应用,培养学生从事土木工程施工的岗位能力。

本书是依据"教学大纲"并参照国家相关职业标准和行业岗位技能鉴定规范编写的。在内容的选择、结构的设计上,本书以适应学生初次上岗需要、职业发展需要、社会发展需要为目标,为学生学习土木工程结构施工类相关岗位技能、考取相关职业资格证书提供必需的学习资源。本书精选内容、巧设结构、配套完整,突出了工程力学这门专业基础课的特点。

本书针对高职教育的特点,力求通俗易懂,以应用为主,突出实用性、典型性和教学的可操作性,着眼于学生在应用能力方面的培养。

本书配有大量思考题和课后习题,旨在提高学生的拓展能力,培养学生的创新意识和创新能力。

本书由张红春担任主编,由高健和赵林担任副主编。张红春负责力和受力分析、剪切构件和扭转构件力学分析模块的编写;高健负责弯曲直梁的内力与强度计算模块的编写;赵永鑫负责平面力系的受力分析和平衡条件模块的编写;闫换英负责轴向拉(压)杆的强度计算、细长压杆的稳定性分析模块的编写;赵林负责修改、定稿。

由于编者水平有限,加之教学经验不足,书中难免存在不足之处,敬请读者批评指正。

目录
Contents

工程与力学

　　用建筑材料（土、石、砖、木、混凝土、钢、铝、聚合物、钢筋混凝土、复合材料等）建筑房屋、道路、铁路、桥梁、隧道等建筑物或构筑物的生产活动和工程技术称为土木工程。

　　力学是研究宏观机械运动规律及其应用的学科。机械运动指物体之间或物体内部各部分之间相对位置的变动，包括物体相对于地球的运动、物体的变形、流体的流动等。平衡是机械运动的特殊情况，指物体相对于地球保持静止或匀速直线运动。

　　力学是工程的重要理论基础。人们在掌握了丰富的力学知识以后，各种各样的摩天大楼、跨海大桥、水下隧道、高速公路才得以建成。力学在应用、发展的过程中，基于运动、力与运动的关系、力与变形的关系，对应不同几何特征的研究对象，不同性能、不同工作状态的材料，以及不同的研究手段，形成了不同的分支学科，如理论力学、材料力学、结构力学、板壳力学、弹塑性力学、流体力学、复合材料力学、实验力学、计算力学等。作为职业教育的一门课程，工程力学只是力学中的基础部分。工程力学是理论力学、材料力学、结构力学三门课程的主要内容的整合。

工程力学的研究对象

建筑物或构筑物中承受外部作用的骨架称为结构。可能出现的外部作用包括荷载作用(风荷载、水压力、土压力等)、变形作用(地基不均匀沉降、材料胀缩变形、温度变化引起的变形、地震引起的地面变形等)、环境作用(阳光照射、风化、环境污染引起的腐蚀、火灾等)。

组成结构的基本部件称为构件。按照几何特征,构件可分为杆件、板壳和实体(图 0-1)。杆件为长条形,长度远大于其他两个尺度(横截面的宽度和高度)。板壳的厚度远小于其他两个尺度(长度和宽度)。板为平面形,壳为曲面形。实体为块状,长、宽、高三个尺度大体相近,多为实心。杆件按照一定的方式连接与支承,形成杆件结构。工程力学的研究对象是杆件结构。

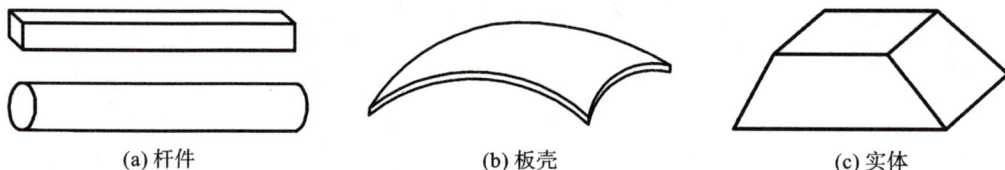

(a) 杆件　　　　　　　(b) 板壳　　　　　　　(c) 实体

图 0-1

工程力学的任务

杆件结构是由杆件组成的一种体系。杆件结构必须按一定的规律组成,才能保持稳定的骨架而承受各种外部作用。在承受相同的外部作用时,某种结构形式就可能比另一种结构形式合理。在结构分析中,必须把实际的结构及其承受的作用简化为计算模型,这样的模型称为结构的计算简图。

结构必须具备可靠、适用、耐久的功能。

强度:在使用期内,结构和构件必须安全可靠,不发生破坏,具有足够的承载能力。结构和构件抵抗破坏的能力称为强度。

刚度:在使用期内,结构和构件不得产生影响正常使用的变形。结构或构件抵抗变形的能力称为刚度。

稳定性:在使用期内,结构和构件的平衡形态必须保持稳定。结构或构件保持原有平衡形态的能力称为稳定性。

工程力学的主要任务是根据结构或构件的特点,对构件和结构进行简化和受力分析,研究它们的平衡规律,计算在外荷载和其他因素影响下结构和构件的内力、位移,进而对结构和构件进行强度、刚度和稳定性方面的计算和校核,以研究结构和构件的承载能力。

(1)讨论结构的组成规律和合理形式,以及结构计算简图的合理选择。

(2)讨论结构的外力、内力、应力和位移,对结构或构件进行强度和刚度计算。

(3)讨论结构或构件的稳定性以及在动力荷载下的反应。

工程力学的基本假定

结构和构件都是由各种建筑材料组成的,在计算时应考虑主要因素,略去次要因素,所以,为简化计算,做如下基本假设。

(1)变形固体的连续、均匀、各向同性假设。

构件通常是由固体材料制成的。考虑固体材料的变形,把它们叫作变形固体。

物质的微观结构既不连续又不均匀,且具有各向异性,但本书讨论的结构和构件的宏观尺寸比结构和构件材料的微观尺寸大得多,研究的强度、刚度等问题只与材料的宏观性质有关。因此,我们可以假设研究的变形固体是密实、无空隙的,各部分有相同的物理特性,物理特性在不同方向上也相同。这样的变形固体,通常称为连续、均匀、各向同性变形体。实践证明,对于大多数常用的结构材料,如钢铁、砖石等,上述假设是合理的,符合工程实际情况。

(2)结构及构件的弹性及微小变形假设。

结构或构件受到力的作用时都会产生变形。变形一般有两种:弹性变形与塑性变形。在工程力学的普通计算中,假定材料产生的变形都是弹性变形,不考虑塑性变形对材料的改变。另外,假设固体在外力作用下产生的变形与固体本身的几何尺寸相比是非常小的。根据这个假设,研究变形固体的平衡问题时,一般可以略去变形的影响。

工程力学的基本方法

结构的力学分析手段包括理论分析、实验研究和数值计算。结构的力学分析过程如图0-2所示。

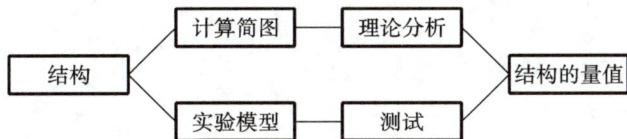

图 0-2

工程力学既采用理论分析方法进行力学分析,又通过实验,特别是通过大量的力学小实验进行定性分析。作为一门应用学科的课程,工程力学重视力学分析与工程实际的联系,从力学角度培养土木工程人员必备的工程素养。

工程力学是一门力学的基础课程,在理论分析中应用了力学的许多基本思想方法,如分解、合成、简化、平衡、变形协调、比拟等。在学习工程力学时,我们应当重视学习力学的思想方法,提高力学素养。工程力学又是土木工程专业的技术基础课程,具有较强的基础性。学习工程力学可以为后续课的学习奠定基础,为终身学习奠定基础。因此,在掌握知识的同时,我们应当重视相关能力的培养,包括分析能力、计算能力、自学能力、动手能力、表达能力,尤其应当重视勤奋、严谨、求实、创新等品格的培养。

学习任务 1 力的基础知识

学习目标

1. 掌握力的概念。
2. 掌握力的三要素。
3. 掌握力的效果。
4. 掌握荷载的分类。
5. 了解力系和等效力系的概念。

任务描述

　　人们在长期的生产劳动和日常生活中逐渐形成并建立了力的概念:人推车(图 1-1)会使车由慢到快、由静到动;吊机吊运货物时,横梁会变形(图 1-2)。那么,车为什么会由静止开始运动? 横梁为什么会变形? 这是因为对车、横梁施加了力,使车的运动状态发生了变化,使横梁发生了变形。自空中落下的物体受到地球引力的作用,运动速度会逐渐加快;桥梁受到车辆的作用会产生弯曲变形等。

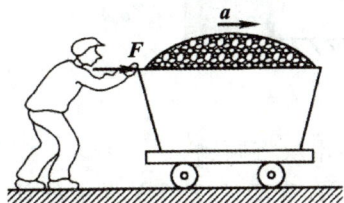

图 1-1

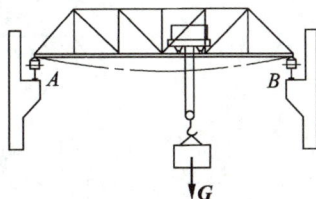

图 1-2

学习引导

本学习任务的脉络如图 1-3 所示。

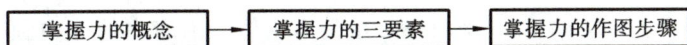

图 1-3

相关知识

1. 力的概念

力是物体间的机械作用。这种作用引起物体的运动状态变化或使物体变形。物体的运动状态变化是指物体运动速度或运动方向发生改变,物体变形是指物体的形状或大小发生变化。

(1)力是物体间的机械作用,不能脱离物体独立存在。

(2)力的外效应(运动效应):使物体的运动状态发生变化的力。

(3)力的内效应(变形效应):使物体产生变形效应的力。

在道路与桥梁工程中,力的作用方式一般有两种情况:一种是两个物体接触时,它们之间产生拉力或压力,如吊机吊起构件时产生拉力、挡土墙与地基之间产生压力等;另一种是物体与地球之间的相互吸引力,对物体来说,这种力就是重力。

2. 力的三要素

如图 1-4 所示,将一个木箱放在桌面,如果对木箱施加的作用力的大小变化、方向变化或位置变化,作用效果分别会是什么?

力具有方向。假设我们用同样大小的力推动木块:从木块左面推,木块向右运动;从木块右面推,木块向左运动。可见,力的作用方向不同,对物体产生的作用效果也不同。力对物体的作用效果还与力在物体上的作用点有关。用相同大小和方向的推力推木块时,如果

图 1-4

推力作用点较低,木块将向前移动;如果推力作用点较高,木块将倾倒。

力的大小、方向和作用点决定了力对物体的作用效果,改变这三个因素中的任一个因素,都会改变力对物体的作用效果。因此,我们把力的大小、方向和作用点称为力的三要素。

由实践可知,要确定一个力,必须说明它的大小、方向和作用点,缺一不可。

力的大小是指物体间相互作用的强弱程度:力大则力对物体的作用效果大,力小则力对物体的作用效果小。力的作用点影响力的作用效果。

在国际单位制中,力的单位是 N(牛)和 kN(千牛)。1 kN=1000 N。

力是一个既有大小又有方向的量,因此力是矢量。我们可用一个带箭头的线段来表示力,按一定比例尺画出的线段的长度表示力的大小,线段的方位和箭头的指向表示力的方向,线段的起点或终点表示力的作用点。

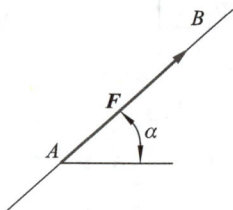

图 1-5

表示方法:在受力物体上沿着力的方向画一条线段,在线段的末端画一个箭头表示力的方向,用线段的起点或终点表示力的作用点,如图 1-5 所示。

绘制步骤如下:

①画力的作用点;

②沿力的方向画一条线段;

③在线段的终点画一个箭头;

④标上力的符号。

3. 力系

(1)力系。作用在物体上的若干个力的总称即为力系,以 $(F_1, F_2, \cdots, F_n)$ 表示,如图 1-6(a)所示。力系中各力的作用线如果不在同一平面内,该力系称为空间力系;如果在同一平面内,该力系称为平面力系。

(2)等效力系。如果作用于物体上的一个力系可用另一个力系代替,而不改变原力系对物体作用的外效应,则这两个力系称为等效力系或互等力系,以 $(F_1, F_2, \cdots, F_n) = (F_1', F_2', \cdots, F_n')$ 表示,如图 1-6(b)所示。

需要强调的是,等效力系只是不改变对物体作用的外效应,内效应将随力的作用位置等因素的改变而改变。

(3)合力。如果一个力 F_R 与一个力系 $(F_1, F_2, \cdots, F_n)$ 等效,则力 F_R 称为此力系的合力,力系中的各力称为合力 F_R 的分力,如图 1-6(c)所示。

4. 荷载

工程中的各类建筑物,如房屋、桥梁、大坝等,在使用的过程中会受到各种力的作用。我们把这些作用于体系上的外力称为荷载。为了保证工程中的各种结构物和构件的安全,设计人

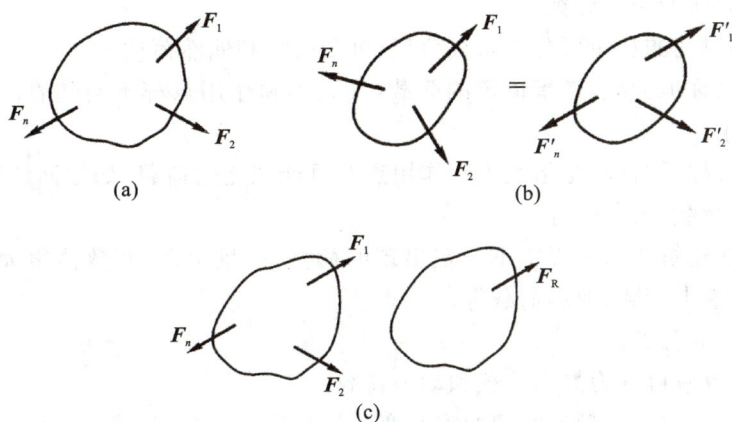

图 1-6

员在进行工程设计时，一般会考虑各种可能的荷载情况，如结构自重、车辆荷载、风荷载等。

（1）按作用类型分类。

荷载按作用类型可分为集中荷载和分布荷载。

集中荷载：集中作用在结构某一点上的荷载。事实上，荷载总是作用在一定面积上的，不会集中在一点上。只要分布面积远小于其作用的结构面积，荷载都可以视为集中荷载。例如人站在桥上，人与桥面接触的双脚相对于桥面的面积很小，那么人的重量对桥面来说就可以视为集中荷载。集中荷载用单个箭头表示，箭头的方向指向荷载作用的方向，箭头所在的位置表示荷载的作用点，如图 1-7 所示。集中荷载的单位与力的单位一样，为 kN 或 N。

分布荷载：作用点分布在一定面积上的荷载。根据分布情况，分布荷载又可分为均布荷载和非均布荷载。楼板的自重为均布荷载，一般用单位面积上的重量来表示，单位是 kN/m² 或 N/m²，这样的荷载又称为均布面荷载，如图 1-8 所示。

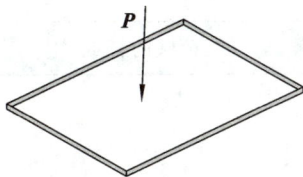

图 1-7

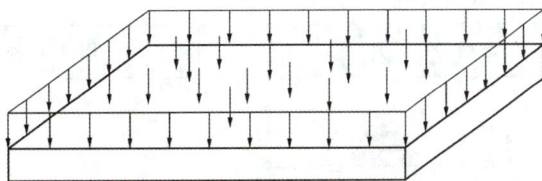

图 1-8

构件的自重是典型的均布荷载。梁是细长的构件，它的自重用单位长度上的重量来表示，单位是 kN/m 或 N/m，这样的荷载又称为均布线荷载，如图 1-9 所示。

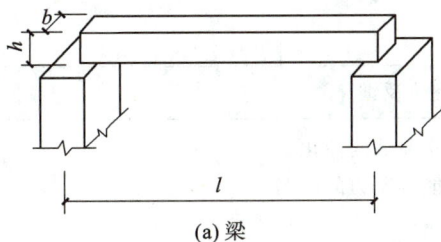

(a) 梁

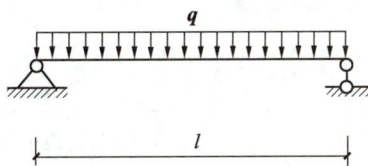

(b) 梁的均布线荷载

图 1-9

（2）按作用时间的长短分类。

荷载按作用时间的长短可分为永久荷载、可变荷载和偶然荷载。

永久荷载：又称恒荷载，是指恒定的荷载，其大小和作用点都不会随着时间的推移发生变化，如构件自重。

可变荷载：又称活荷载，是指大小和作用点有可能变化的荷载，如楼面活荷载、屋面活荷载、风荷载、吊车荷载、雪荷载等。

偶然荷载：在建筑使用过程中不一定出现的荷载，一旦出现，其数值很大且作用时间较短，如爆炸荷载、撞击荷载、地震荷载等。

（3）按作用效应分类。

荷载按作用效应可分为静力荷载和动力荷载。

静力荷载：作用点不会随着时间的推移变化的荷载，如重力荷载。

动力荷载：作用点随时间的推移变化的荷载，如汽车高速行驶时产生的荷载。

学习任务 1 工作页

班级		姓名		学号	
任务描述				预期目标	
任务名称	力的基础知识			知识目标：掌握力的概念；掌握力的三要素；掌握力的效果；掌握荷载的分类；了解力系和等效力系的概念。	
任务编号	1			能力目标：力的表示方法；荷载的简化。	
知识类型	认知型			素质目标：具有求知欲和刻苦学习、钻研的精神，具有归纳总结的能力	
知识认知					
看图并查阅资料，回答相关问题					
图片		属于哪种荷载		荷载的特点	
学习效果评价反馈					
学生自评	1. 能识别集中荷载和分布荷载的简化图 □ 2. 能确定力的三要素并能绘制力的简图 □ 3. 能描述力的作用效果 □ （根据本人实际情况填写：A. 会；B. 基本会；C. 不会）				

续表

学习小组评价	团队合作□　工作效率□　交流沟通能力□　获取信息能力□　写作能力□　表达能力□ （根据小组完成任务情况填写：A. 优秀；B. 良好；C. 合格；D. 有待改进）
教师评价	
个人总结与反思	

思考题

1. 力按照作用效应分为哪几类？
2. 力的三要素有哪些？力的示意图如何绘制？
3. 什么是荷载？荷载按作用时间的长短分为哪几类？
4. 什么是力系？什么是合力？

课后习题

1. 工程力学是道路与桥梁专业一门重要的_____课程。工程力学的研究对象是_____。
2. 力是物体间的_____作用，这种作用使物体的_____和_____发生改变。
3. 物体间的机械作用有大小和方向，可用一个带箭头的线段表示。一个机械作用用_____个力表示；相互机械作用用_____个力表示。
4. 力的作用效果是_____、_____。
5. 力的定义：力是_____对_____的作用，一个是_____、另一个是_____。
6. 力的符号是_____。
7. 力的单位是_____。
8. 力的三要素（影响力的作用效果的因素）是_____、_____、_____。
9. 物体间力的作用是_____。
10. 荷载按作用类型可分为_____、_____。

学习任务 2　静力学公理

学习目标

1. 深入理解刚体、平衡的概念。
2. 深入理解静力学公理。
3. 会判断二力杆件（或二力体）。

任务描述

静力学公理是人们从长期生活和生产实践的经验中总结得出的基本力学规律，这些规律的正确性已被实践反复证明，是符合客观实际的。

三铰拱受到已知力 F 的作用，如图 1-10 所示。若不计三铰拱的自重，判定哪部分为二力杆件。试画出 AB、BC 的受力图。

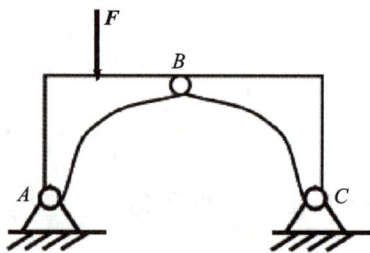

图 1-10

学习引导

本学习任务的脉络如图 1-11 所示。

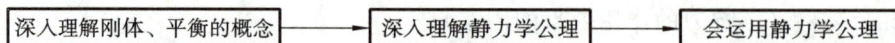

深入理解刚体、平衡的概念　→　深入理解静力学公理　→　会运用静力学公理

图 1-11

相关知识

1. 刚体

刚体是指在力的作用下,大小和形状都不改变的物体。静力学以刚体为研究对象,故又称为刚体静力学。刚体是对实际受力物体的力学抽象。自然界中的物体受力后都会变形。如果物体变形较小,在研究平衡或运动时不起主要作用,变形可以忽略不计。如图 1-12 所示,横梁在力 F 的作用下产生的弯曲变形 δ 仅为梁长度 l 的千分之几,在考察横梁平衡时可以忽略变形引起的梁长度的微小变化,仍用梁的原长度进行计算,这样不致引起显著的误差,可以简化计算过程,还可以满足工程精度的要求。

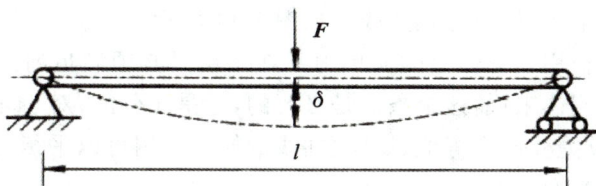

图 1-12

显然,刚体是一个理想化的模型,实际上并不存在这样的物体。但是,工程实际中的机械零件和结构构件在正常工作情况下产生的变形是非常微小的。这样微小的变形对于研究物体的外效应的影响极小,是可以忽略不计的。当然,在研究物体的变形问题时,就不能把物体看作刚体,否则会导致错误的结果,甚至导致无法进行研究。

2. 物体的平衡及平衡力系

1)平衡

平衡是指物体在力的作用下相对于惯性参考系保持静止或匀速直线运动状态。在一般工程技术问题中,把固定在地球上的参考系视为惯性参考系,物体的平衡是相对于地球而言的。例如,静止在地面上的机床、桥梁,以及在直线轨道上匀速运动的火车等,都在各种力系的作用下处于平衡。

2)平衡力系

平衡力系是指作用于物体并使物体处于平衡状态的力系。

力系的平衡条件是指作用在处于平衡状态的物体上的力系所应满足的条件。

满足平衡条件的力系是平衡力系。运用力系的平衡条件解决受力系作用的杆件和结构的平衡问题,是设计结构构件或机械零件时进行静力计算的基础。

3. 静力学公理

1)作用力与反作用力公理

作用力和反作用力总是同时存在的,两个力大小相等、方向相反,在一条直线上,分别作用在两个相互作用的物体上。

圆球对桌面有一个作用力 F'，桌面对圆球有一个反作用力 F，如图 1-13 所示。F' 和 F 大小相等、方向相反，在一条直线上，分别作用在桌面和圆球上。

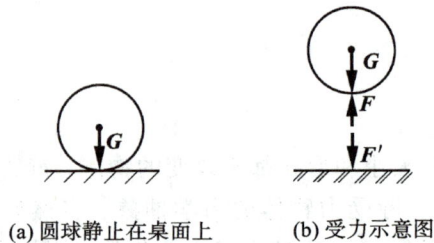

(a) 圆球静止在桌面上   (b) 受力示意图

图 1-13

2)二力平衡公理

作用于刚体上的两个力，使刚体处于平衡状态的充分必要条件：这两个力大小相等、方向相反且在一条直线上(等值、反向、共线)，如图 1-14 所示。

这个公理揭示了作用于物体上的简单力系在平衡时必须满足的条件，它是静力学中基本的平衡条件。对于刚体来说，这个条件是必要的，也是充分的；对于非刚体来说，这个条件是不充分的。例如，软绳受两个等值、反向、共线的拉力作用可以平衡，而受两个等值、反向、共线的压力作用不能平衡。

只受两个力作用而处于平衡状态的物体称为二力体，如图 1-15 所示。机械及建筑结构中的二力体统称为二力构件，它们的受力特点是两个力的方向必在二力的作用点的连线上。如果二力构件是一根直杆，则称为二力杆或链杆。

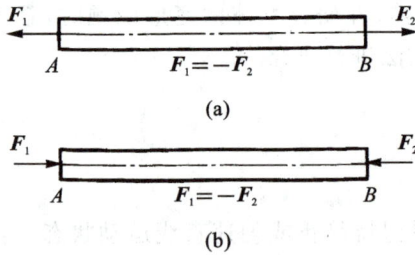

图 1-14

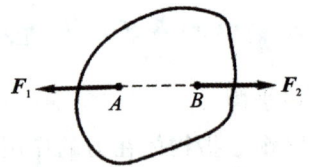

图 1-15

在图 1-16 所示的三铰拱中，当车辆不在 AB 部分上且不计自重时，AB 部分只可能通过 A、B 两点受力，是一个二力构件，故 A、B 两点的作用力必沿 A、B 连线的方向。

3)加减平衡力系公理

在刚体的原有力系中，加上或减去任一平衡力系，不会改变原力系对刚体的作用效应。

这个公理的正确性是显而易见的，因为一个平衡力系是不会改变物体的原有状态的。这个公理常被用来简化某已知力系。依据这个公理，我们可以得出两个重要推论。

推论1：力的可传性原理。作用于刚体上的力可以沿其作用线移至刚体内任一点，而不改变原力对刚体的作用效应。例如，在图 1-17 所示的车后的 A 点加一个水平力推车，与在车前的 B 点加一个大小相同的水平力拉车的效果是一样的。

这个原理可以利用上述公理推证。

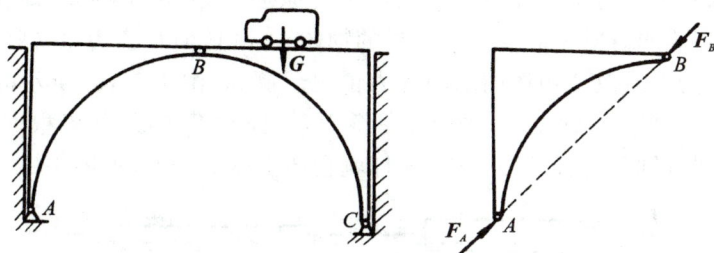

图 1-16

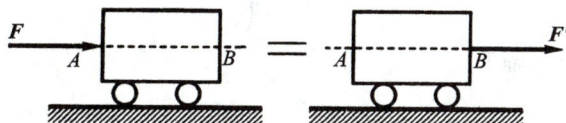

图 1-17

（1）设 F 作用于 A 点，如图 1-18(a) 所示。

（2）在力的作用线上任取一点 B 并在 B 点加一个平衡力系 (F_1, F_2)，使 $F_1 = -F_2 = -F$，如图 1-18(b) 所示；由加减平衡力系公理可知，这并不影响原力 F 对刚体的作用效应。

（3）从该力系中去掉平衡力系 (F, F_1)，剩下的 F_2 与原力 F 等效，如图 1-18(c) 所示。

这样就把原来作用在 A 点的力 F 沿其作用线移到了 B 点。

根据力的可传性原理，力在刚体上的作用点已被它的作用线代替，所以作用于刚体上的力的三要素又可以说是力的大小、方向和作用线。这样的力矢量称为滑移矢量。作用点一定的力矢量是定位矢量。

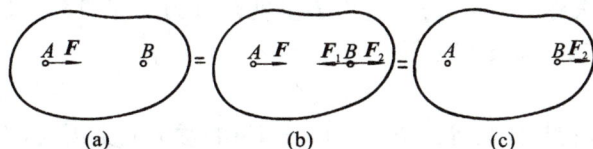

图 1-18

推论 2：三力平衡汇交定理。作用于刚体上三个相互平衡的力，若其中两个力的作用线汇交于一点，则此三力必在同一平面内且第三个力的作用线通过汇交点。

证明：如图 1-19 所示，在处于平衡状态的刚体的 A、B、C 三点上，分别作用了三个力 F_1、F_2、F_3。根据力的可传性，将力 F_1 和 F_2 移到汇交点 O，然后根据力的平行四边形法则得合力 F，则力 F_3 应与 F 平衡。由二力平衡条件可得 F_3 必定与合力 F 共线，即力 F_1、F_2、F_3 的作用线都通过 O 点。

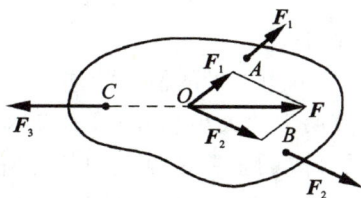

图 1-19

应当指出,加减平衡力系公理以及力的可传性原理,只适用于刚体,即在研究刚体的平衡或运动时才是正确的。对于需要考虑变形的物体,加减任何平衡力系,或将力沿其作用线移动,都会使物体变形或改变物体内部的受力情况。例如,图 1-20(a)所示的杆 AB,在平衡力系(F_1,F_2)作用下产生拉伸变形;去掉该平衡力系,杆就不变形;如果根据力的可传性,将这两个力沿作用线分别移到杆的另一端,该杆就会产生压缩变形,如图 1-20(b)所示。

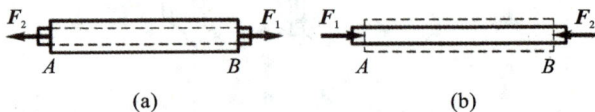

图 1-20

4)力的平行四边形法则

作用于物体同一点上的两个力的合力也作用在该点上,合力由以这两个力为边构成的平行四边形的对角线表示,如图 1-21 所示。

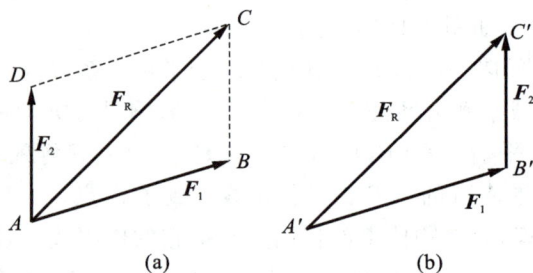

图 1-21

这种合成力的方法称为矢量加法,合力矢量就是分力的矢量和(或几何和)。图 1-21 中的三个力的关系可用矢量式表示为

$$F_R = F_1 + F_2$$

上式是矢量等式,它与代数等式 $F_R = F_1 + F_2$ 的意义完全不同,不能混淆。

应用平行四边形法则求得的作用在物体上同一点的两个力的合力,不仅在运动效应上,而且在变形效应上,都与原来的两个力等效。

从图 1-21 很容易看出,在用矢量加法求合力矢量时,画出力的平行四边形的一半(一个三角形)就可以了。为了使图形清晰,常把这个三角形画在力作用的物体之外。如图 1-21(b)所示,从 A' 点画一个与力 F_1 大小相等、方向相同的矢量 $A'B'$,过 B' 点画一个与力 F_2 大小相等、方向相同的矢量 $B'C'$,则矢量 $A'C'$ 表示力 F_1、F_2 的合力 F_R。

图中的 △ $A'B'C'$ 称为力三角形,这种求合力矢量的方法称为力三角形法则。画力三角形时,必须遵循以下条件:

①分力矢量首尾相接,但次序可变;

②合力矢量的箭头与最后一个分力矢量的箭头相连。

应该注意的是,力三角形只表明力的大小和方向,不表示力的作用点或作用线。

力的平行四边形法则是力系合成的主要依据。力的分解是力的合成的逆运算,因此也是按平行四边形法则来进行的,通常是将力分解为两个正交的分力。

学习任务 2 工作页

班级		姓名		学号	
任务描述				预期目标	

任务描述		预期目标
任务名称	静力学公理	知识目标:深入理解刚体的概念、平衡的概念,深入理解静力学公理、力的可传性原理和三力平衡汇交定理。
任务编号	2	能力目标:能区分二力杆件和二力构件,能运用静力学公理。
知识类型	认知型	素质目标:具有求知欲和刻苦学习、钻研的精神,具有归纳总结的能力

知识认知		

看图并查阅资料,回答相关问题

图片	分析 AB、BC 杆的受力	运用哪个静力学公理
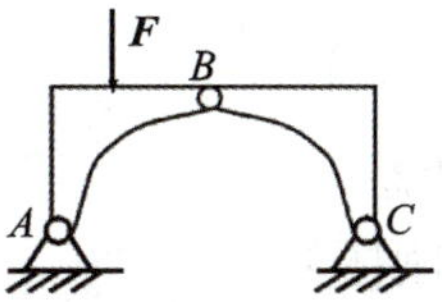		
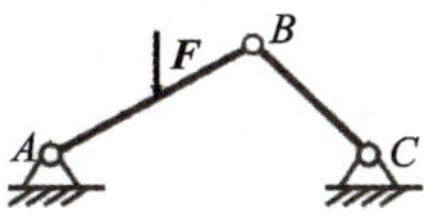		

学习效果评价反馈	

学生自评	1.能识别二力杆件、二力构件　□ 2.会运用静力学的四个公理和两个推论　□ 3.能运用静力学公理对物体进行受力分析　□ (根据本人实际情况填写:A.会;B.基本会;C.不会)
学习小组评价	团队合作□　工作效率□　交流沟通能力□　获取信息能力□　写作能力□　表达能力□ (根据小组完成任务情况填写:A.优秀;B.良好;C.合格;D.有待改进)
教师评价	
个人总结与反思	

思考题

1. 什么是刚体？
2. 什么是物体在力系作用下的平衡？
3. 二力杆件和二力构件有什么区别？
4. 试推导力的可传性原理。
5. 试证明三力平衡汇交定理。

课后习题

一、填空题

1. 物体的平衡是指物体相对于地球保持_____或_____状态。

2. 在力的作用下，_____和_____都保持不变的物体称为刚体。

3. 刚体受到两个力的作用而处于平衡状态，其充分必要条件是这两个力的大小_____、作用线_____。

4. 作用力和反作用力是两个物体间的相互作用力，它们一定_____、_____，分别作用在_____。

5. 静力学的四个公理是_____、_____、_____、_____。

6. 静力学公理的两个推论是_____、_____。

7. 平衡力系是合力等于_____的力系；物体在平衡力系作用下总是保持_____或_____运动状态；_____是最简单的平衡力系。

8. 在两个力的作用下处于平衡状态的构件称为_____；这两个力的作用线必过这两个力作用点的_____。

9. 在三个力的作用下处于平衡状态的构件称为_____；若已知其中两个力的作用线，第三个力的作用线必过前两个力作用线的_____。

二、判断题（判断正误并在括号内填√或×）

1. 力的三要素中只要有一个要素不改变，力对物体的作用效果就不变。　　　（　　）

2. 刚体是客观存在的，无论施加多大的力，它的形状和大小始终保持不变。　（　　）

3. 如物体相对于地面保持静止或匀速运动状态，则物体处于平衡。　　　　　（　　）

4. 作用在同一物体上的两个力，使物体处于平衡的充分必要条件是这两个力大小相等、方向相反、沿同一条直线。　　　　　　　　　　　　　　　　　　　　　（　　）

5. 静力学公理中，二力平衡公理和加减平衡力系公理适用于刚体。　　　　　（　　）

6. 静力学公理中，作用力与反作用力公理和力的平行四边形法则适用于任何物体。
　　　　　　　　　　　　　　　　　　　　　　　　　　　　　　　　　　（　　）

7.静置在桌面上的粉笔盒的重量为 **G**,桌面对粉笔盒的支持力 N＝G,说明 **G** 和 **N** 是一对作用力与反作用力。　　　　　　　　　　　　　　　　　　　　　　(　　)

8.刚体在二力作用下平衡时,此二力一定等值、反向、共线。　　　　　　　(　　)

9.受到两个外力作用的杆件均为二力杆。　　　　　　　　　　　　　　　(　　)

10.二力构件是指两端用铰链连接且只受两个力作用的构件。　　　　　　(　　)

三、作图题

1.在图 1-22 所示物体的 B 点画出作用力,使物体处于平衡状态。

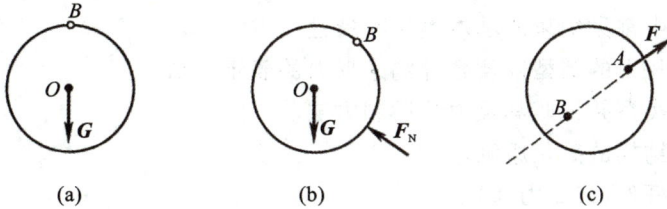

图 1-22

2.在图 1-23 所示构件的 A、B 两点画出作用力,使构件处于平衡状态。

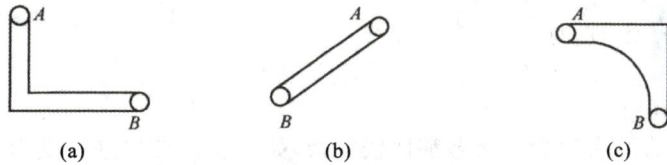

图 1-23

3.画出图 1-24 所示结构中 AB、BC 杆件所受的力。

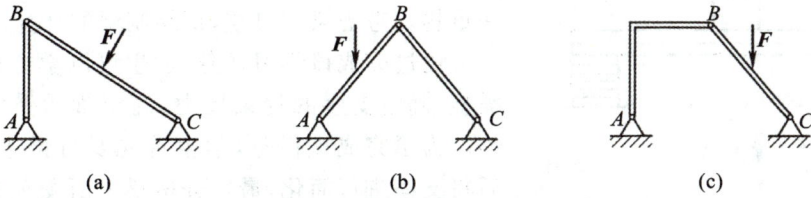

图 1-24

学习任务 3　约束与约束反力

学习目标

1. 能识别工程中常见约束的基本类型和特性。
2. 能叙述约束反力的类型以及各种约束反力的表示方法。
3. 能识别支座类型并说明其反力的绘制方法。
4. 能叙述工程结构的简化原则。
5. 会判断二力杆件(或二力体)。
6. 能对工程结构进行简化并绘制其计算简图。

任务描述

实际工程结构的形式和受力状态都比较复杂,如果想对结构进行受力分析,则必须进行一些简化,忽略某些次要影响因素,突出反映结构的主要特征,用一个简化的结构图形来替代实际结构。简化的结构图形称为结构的计算简图。

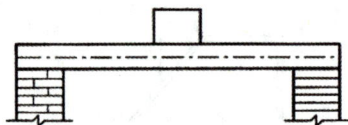

图 1-25

如图 1-25 所示,一根梁两端放在砖柱上,上面放一重物。考虑梁的自重,试绘制梁的计算简图。

通过完成该学习任务,学生可以学会识别支座的类型,确定支座的约束反力,确定梁承受的荷载的类型。为了完成该任务,学生首先要将梁进行简化,然后将支座进行简化,最后分析梁上所受荷载并对其进行简化。

学习引导

本学习任务的脉络如图 1-26 所示。

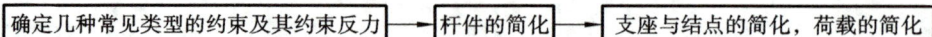

确定几种常见类型的约束及其约束反力 → 杆件的简化 → 支座与结点的简化,荷载的简化

图 1-26

相关知识

1.约束与约束反力

在工程中,能自由地向空间任意方向运动的物体称为自由体,如工人上抛的砖块、在空中自由飞行的飞机等。实际上,任何构件都受到与它相联系的其他构件的限制,而不能自由运动,如课桌受到楼板的限制、大梁受到柱子的限制、柱子受到基础的限制、桥梁受到桥墩的限制等。这些在空间某一方向运动受到限制的物体称为非自由体。

限制物体运动的其他物体叫作约束,如上文提到的楼板是课桌的约束、柱子是大梁的约束、基础是柱子的约束、桥墩是桥梁的约束等。当物体沿着约束所能限制的方向运动或有运动趋势时,约束必然承受物体的作用力,同时给予物体反作用力,称为约束反力。

物体受到的力一般可分为两类。一类是使物体产生运动或运动趋势的力,称为主动力,如重力、风压力、水压力、土压力等。另一类是约束对于被约束物体的运动起限制作用的力,称为约束反力,简称反力。约束反力的方向总是与约束所能限制的运动方向相反。例如,用一根绳索悬挂的重物,在其自重的作用下有沿铅垂方向向下运动的趋势,而绳对重物的约束反力的方向是垂直向上的。

通常主动力是已知的(大小、方向、作用点都已知),约束反力是未知的(大小、方向、作用点至少有一项未知)。因此,正确地分析约束反力是对物体进行受力分析的关键。现从工程上常见的几种约束来讨论约束反力的特征。

2.几种常见的约束及其反力

1)柔体约束

绳索、链条、皮带等用于阻碍物体的运动时,称为柔体约束。柔体只能承受拉力,不能承受压力,所以它们只能限制物体沿着柔体伸长的方向运动。因此,柔体对物体的约束反力是通过接触点,沿柔体中心线作用的拉力,常用 T 表示,如图 1-27 所示。在图 1-28 所示的皮带轮中,皮带对两轮的约束反力分别为 F_1、F_2 和 F_1'、F_2'。

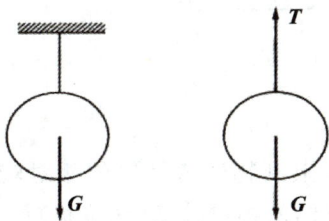

图 1-27

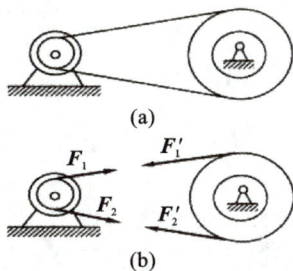

图 1-28

2)光滑面约束

物体与另一物体接触时,若接触处的摩擦力很小(可以忽略不计),两物体间的约束就是光滑面约束。这种约束只能限制物体沿着接触面的公法线指向接触面的运动,不能限制物体沿着接触面的公切线或离开接触面的运动。所以,光滑面的约束反力通过接触点,沿公法线方向指向被约束物体,是一个压力,常用 N 表示,如图 1-29 所示。

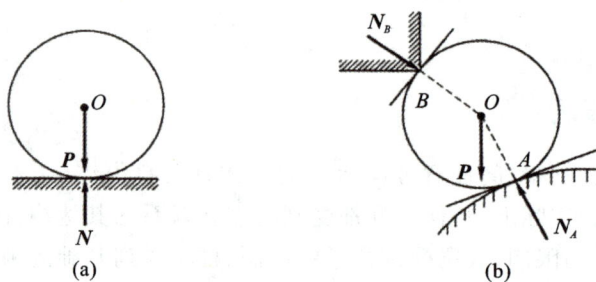

(a)   (b)

图 1-29

在实际生活中,理想的光滑面并不存在。当接触面的摩擦力很小,在所研究的问题中可以忽略时,接触面可视为光滑面。

3)圆柱铰链约束

圆柱铰链约束简称铰链。门窗用的合页便是铰链的实例。圆柱铰链(图 1-30)是由一个圆柱形销钉插入两个物体的圆孔中构成的。我们认为销钉与圆孔的表面都是光滑的。圆柱铰链连接的计算简图如图 1-30(b)所示。

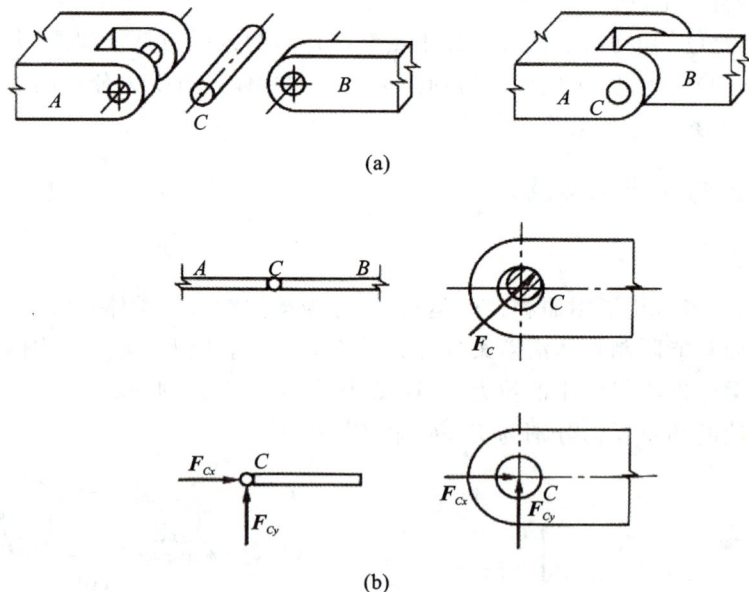

(a)

(b)

图 1-30

根据圆柱铰链连接的构造,其约束特征是销钉不能限制物体绕销钉的相对转动(角位移),只能限制物体在垂直于销钉轴线的平面内沿任意方向的相对移动(线位移)。当物体相对于另一物体有运动趋势时,销钉与孔壁便在某处接触,且接触处是光滑的。由于光滑面约束反力可知,销钉反力沿接触点与销钉中心的连线作用,但接触处的位置一般是未知的,接触点随主动力而变,所以,圆柱铰链的约束反力在垂直于销钉轴线的平面内,通过销钉中心,而方向未定。这种约束反力有大小和方向两个未知量,可用一个大小和方向都未知的力 $\boldsymbol{F}_C$ 来表示,也可用两个互相垂直的分力 $\boldsymbol{F}_{Cx}$ 和 $\boldsymbol{F}_{Cy}$ 来表示。

4)链杆约束

链杆约束,就是两端用销钉与物体相连且中间不受力(自重忽略不计)的直杆。这种约束只能限制物体沿着链杆中心线的趋向或离开链杆的运动,不能限制其他方向的运动。所以链杆的约束反力沿链杆中心线,指向未定。链杆的计算简图及其反力如图 1-31 所示。

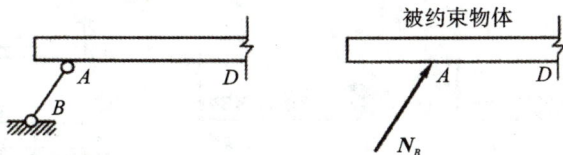

图 1-31

在平面杆件结构的计算简图中,支座通常可简化为固定铰支座、可动铰支座、固定端支座等基本类型。

(1)固定铰支座。

支座固定于基础或静止的结构物上,用圆柱铰链连接支座与构件,就构成固定铰支座。这种支座能限制构件垂直于销钉轴线平面内任意方向的移动,不能限制绕销钉轴线的转动,所以它的支座反力与圆柱铰链的反力相同。固定铰支座的计算简图及其反力如图 1-32 所示。

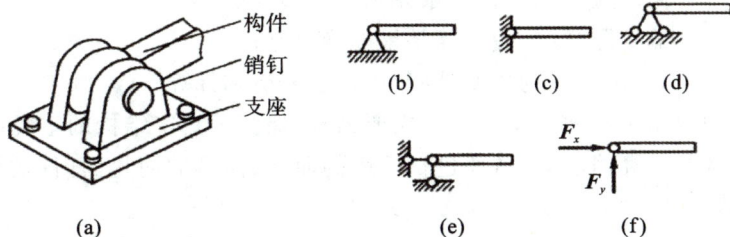

图 1-32

(2)可动铰支座。

将固定铰支座用几个辊轴支承在同一水平面上即构成可动铰支座,如图 1-33(a)所示。这种支座不能限制物体绕销钉轴线的转动和沿支承面方向的运动,只能限制构件垂直于支承面方向的运动。因此,可动铰支座的约束反力通过接触点,垂直于支承面且通过销钉中心,其大小和方向待定。这种支座的计算简图和约束反力如图 1-33(b)所示。

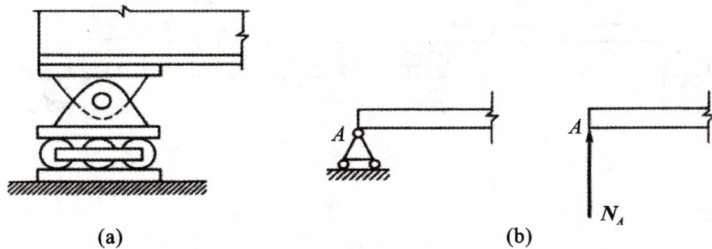

图 1-33

（3）固定端支座。

房屋建筑中的挑梁[图 1-34（a）]的一端嵌固在墙壁内。墙壁对挑梁的约束，既限制它沿任何方向移动，又限制它的转动，这样的约束称为固定端支座。固定端支座的构造简图如图1-34（b）所示，计算简图如图 1-34（c）所示。

这种支座既限制了构件的移动，又限制了构件的转动，所以，它除了产生水平和竖向约束反力，还产生阻止转动的约束反力偶，如图 1-34（d）所示。

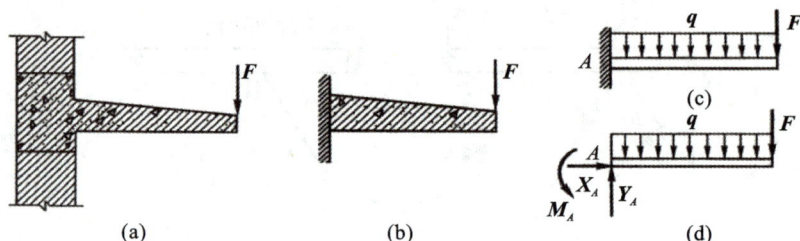

图 1-34

3. 绘制结构计算简图

实际结构是比较复杂的，我们无法按照结构的真实情况进行力学计算。因此，进行力学分析时，必须选用一个能反映结构主要特性的简化模型来代替真实结构，这样的简化模型称作结构的计算简图。

绘制结构的计算简图应遵循下列两条原则：

①正确反映结构的实际情况，使计算结果准确可靠；

②忽略次要因素，突出结构的主要性能，以便于分析和计算。

结构计算简图忽略了真实结构的许多次要因素，保留了真实结构的主要特点。

确定一个结构的计算简图，通常要进行荷载的简化、体系的简化、杆件的简化、支座的简化、结点的简化等。

1）荷载的简化

作用于实际结构上的荷载可分为体荷载和面荷载两大类。体荷载是作用在构件整个体积内每一点的荷载，如自重或惯性力等。面荷载是由其他物体通过接触面传给结构的作用力，如土压力、车辆的轮压力等。在杆系结构的计算简图中，杆件简化为轴线，因此不管是体荷载还是面荷载都简化为作用在轴线上的力。如图 1-35 所示，梁的自重简化为作用在梁轴线上的均布荷载，重物的重量简化为集中力。

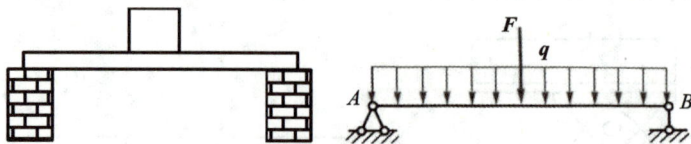

图 1-35

2）体系的简化

一般的结构都是空间结构。如果空间结构在某平面内的杆系结构主要承担该平面内的荷载，可以把空间结构分解为若干个平面结构进行计算，这种简化称为结构的平面简化。

图 1-36(a)所示的单层厂房是一个复杂的空间结构。作用于厂房上的恒荷载、活荷载等一般沿纵向均匀分布,因此,可以将厂房简化为图 1-36(b)所示的平面结构进行计算。这样的结构便可以按平面体系进行力学分析。

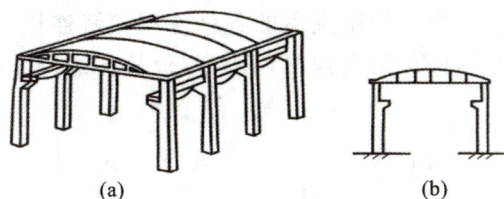

图 1-36

3)杆件的简化

实际结构中,杆件截面的大小、形状虽千变万化,但是它的尺寸总远小于杆件的长度,只要求出截面形心处的内力、变形,则整个截面上各点的受力、变形情况就能确定,如图 1-37 所示。因此,在结构的计算简图中,杆件的截面以它的形心来代替,结构的杆件以其纵向轴线代替。梁柱等构件的纵向轴线为直线,就用相应的直线表示;曲杆、拱等构件的纵向轴线为曲线,就用相应的曲线表示。

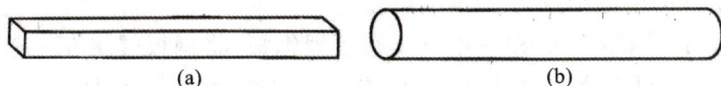

图 1-37

4)支座的简化

支座是指结构与基础之间的连接构造,它的作用是使基础与结构连接,对结构进行支承。在实际结构中,基础对结构的支承形式多种多样,但根据支座的构造和约束特点,在平面结构的计算简图中,理想的支座有可动铰支座、固定铰支座、固定端支座等。

实际上,在土建工程中,很难见到这些理想支座。为了便于计算,在确定结构的计算简图时,要分析实际结构支座的主要约束功能与哪种理想支座的约束功能相符,据此将工程结构的真实支座简化为力学中的理想支座。

图 1-38 所示的预制钢筋混凝土柱置于杯形基础中,基础下面是比较坚实的地基土。如果杯口四周用细石混凝土填实,柱端被固定,其约束功能基本上与固定端支座相符,则可简化为固定端支座。如果杯口四周填入沥青麻丝,柱端可产生微小转动,其约束功能基本上与固定铰支座相符,则可简化为固定铰支座。

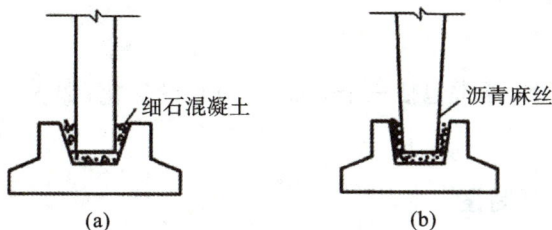

图 1-38

5)结点的简化

结构中杆件相互连接处称为结点。不同的结构(如钢筋混凝土结构、钢结构、木结构等)的连接方法各不相同。在结构计算简图中,根据节点的实际构造,通常把节点简化成两种理想化的形式,即铰结点和刚结点。铰结点上的各杆件用铰链连接。铰结点的特征是其铰接的各杆均可绕结点自由转动,杆件的夹角可以改变,但杆件之间不能相对移动。图1-39(a)中的结点 A 为铰结点。

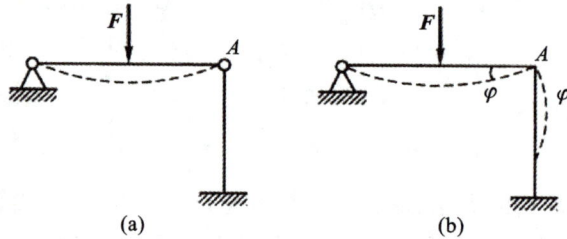

图 1-39

刚结点上的各杆件刚性连接。刚结点的特征是其连接的各杆之间不能绕结点转动,也不能相对移动,变形前后结点处各杆间的夹角保持不变,即各杆件的刚接端部都有相同的旋转角度 φ。图 1-39(b)中的结点 A 为刚结点。

图 1-40(a)所示的屋架端部和柱顶设置有预埋钢板,将钢板焊接在一起,构成结点。由于屋架端部和柱顶之间不能相对移动,而且连接不可能很牢固,杆件之间有微小转动的可能,故可以将此结点简化为铰结点,如图 1-40(b)所示。图 1-40(c)中的钢筋混凝土框架顶层的结点可简化为刚结点[图 1-40(d)]。

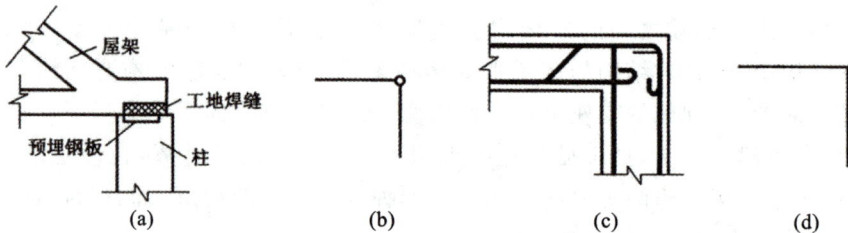

图 1-40

任务实施

绘制结构的计算简图,通常包括三个方面:①杆件的简化;②支座和结点的简化;③荷载的简化。

1. 绘制房梁的计算简图

如图 1-41 所示,一根梁两端搁在墙上,上面放有一个重物。简化时,梁用其轴线代表,重物可近似看作集中荷载,梁的自重可看作作用于梁的轴线上的均布荷载并以其作用于墙宽中点的合力代替。考虑到梁端支承面有摩擦,梁不能左右移动,但受热膨胀时可伸长,故可将其一端视为固定铰支座、另一端视为可动铰支座。简化后得到的计算简图如图 1-41(b) 所示。

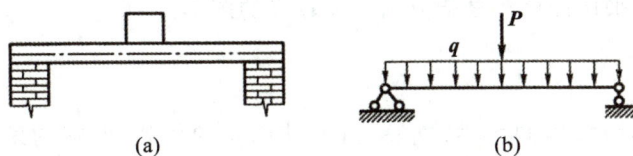

图 1-41

2. 绘制雨篷的计算简图

如图 1-42 所示,雨篷的主要构件是一根立柱和两根梁。在计算简图中,立柱和梁均用它们各自的轴线代表。柱与梁的连接处用混凝土浇筑成整体,钢筋的配置保证二者牢固地连接在一起,变形时不能有相对转动,故在计算简图中简化成刚结点。立柱下端与基础连成一体,基础限制立柱下端不能有水平方向和竖直方向的位移,也不能转动,在计算简图中简化成固定端支座。作用在梁上的荷载有梁的自重、雨篷板的重量、雪荷载等,可简化为作用在梁轴线上沿水平跨度分布的线荷载。

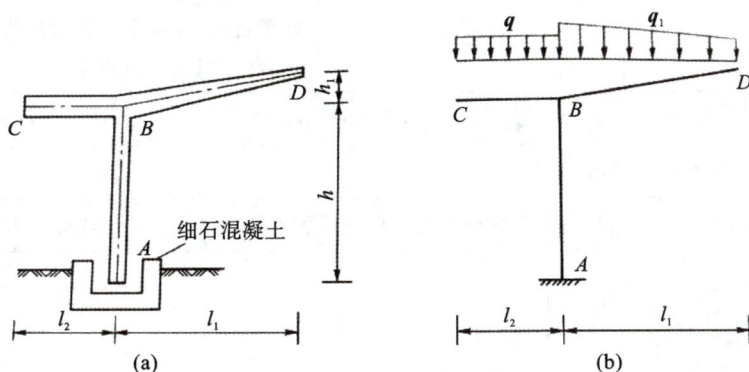

图 1-42

3. 绘制焊接钢桁架的计算简图

焊接钢桁架的结点 K 的构造情况如图 1-43 所示。各杆由角钢组成,焊接于钢连接板上,各杆轴线汇交于一点。桁架受荷载作用后,除各杆变形外,连接板也要变形。因此,各杆件的夹角要改变,不是刚结点;夹角不能自由改变,也不是铰结点。

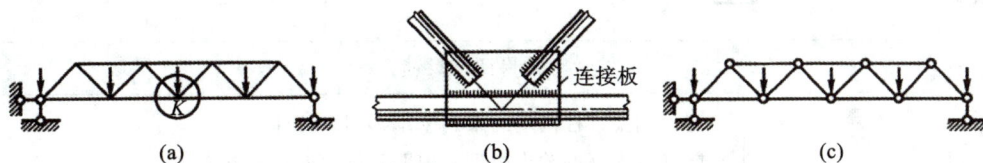

图 1-43

如果我们只考虑桁架主要承受轴力这个特点,计算时可将各杆之间的结点假定为铰结点[图 1-43(c)]。这虽然与实际情况不符,但可使计算简化,而且计算结果的误差在工程允许的误差范围内。如果考虑到连接板在桁架平面内的刚度很大,变形很小,也可以当作刚结点计算,但计算要复杂得多。有时,在初步计算中可采用计算比较简单但精确度不高的图形,在最后设计中可采用计算较复杂但精确度较高的图形。

4. 分组练习

两人一组,观察教室内的房梁、立柱,讨论其承受的荷载,两端约束特征,梁、柱结构形式,并对其进行简化,画出梁或柱的简图。

学习任务 3 工作页

班级		姓名		学号	
任务描述			预期目标		
任务名称	约束与约束反力		知识目标:识别工程中常见约束的基本类型和特性;叙述约束反力的类型以及各种约束反力的表示方法;识别支座类型并说明其反力的绘制方法;对工程结构进行简化并绘制其计算简图。		
任务编号	3				
知识类型	认知型		能力目标:能区分各类约束并能绘制其反力。素质目标:具有求知欲和刻苦学习、钻研的精神,具有归纳总结的能力		
知识认知					
看图并查阅资料,回答相关问题					
图片		约束及支座属于哪种类型		约束反力的特点	
学习效果评价反馈					
学生自评	1. 能识别梁或柱两端约束的基本类型和特性 ☐ 2. 能确定支座的约束类型并说明其反力的绘制方法 ☐ 3. 能描述工程结构的简化原则 ☐ (根据本人实际情况填写:A. 会;B. 基本会;C. 不会)				

续表

学习小组评价	团队合作□　工作效率□　交流沟通能力□　获取信息能力□　写作能力□　表达能力□ （根据小组完成任务情况填写：A.优秀；B.良好；C.合格；D.有待改进）
教师评价	
个人总结与反思	

思考题

1.什么是约束体？

2.什么是自由体？

3.约束反力的方向是怎么规定的？

4.柔体约束的约束反力的方向是怎么规定的，是压力还是拉力？

5.光滑面约束的约束反力的方向是怎么规定的，是拉力还是压力？

6.圆柱铰链约束的约束反力是怎么规定的？

7.常见的链杆约束、固定铰支座、可动铰支座、固定端支座的约束反力有何特点？

8.确定一个结构的计算简图，通常要考虑哪几个方面？

9.图 1-44 所示为钢筋混凝土阳台挑梁，试画出梁的计算简图。

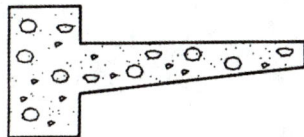

图 1-44

课后习题

一、填空题

1.限制物体运动的周围物体称为该物体的_____。促使物体运动或产生运动趋势的力称为_____，限制物体运动或运动趋势的力称为_____。约束反力的方向与物体运动或运动趋势的方向_____。

2.约束模型有三种，分别是_____约束、_____约束和_____约束。

3.柔体约束的约束反力沿柔体的_____，_____受力物体。

4.光滑面约束的约束反力沿接触面的_____，_____受力物体。

5.铰链约束可分为_____铰、_____铰支座和_____铰支座。

（1）圆柱铰和固定铰支座限制了两构件之间的_____，不限制其_____。当圆柱铰或固定铰支座约束二力杆件时，约束反力方向_____沿二力构件两力_____的连线；当圆柱铰或固定铰支座约束的不是二力杆件时，约束反力方向_____，用_____表示。

（2）可动铰支座的约束反力垂直于_____，_____物体。

二、选择题

如图 1-45（a）所示，AB 杆的 A 点受到（　　）约束，C 点受到（　　）约束。如图 1-45（b）所示，AB 杆的 A 点受到（　　）约束，B 点受到（　　）约束，E 点受到（　　）约束。

A. 柔体　　　　　　B. 光滑面　　　　　　C. 固定铰链　　　　D. 活动铰链

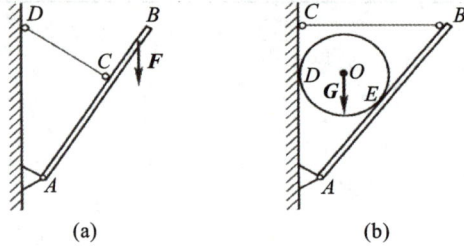

图 1-45

三、作图题

在图 1-46 所示的各构件的简图上画出其约束反力（注意约束反力的作用线、指向和表示符号）。

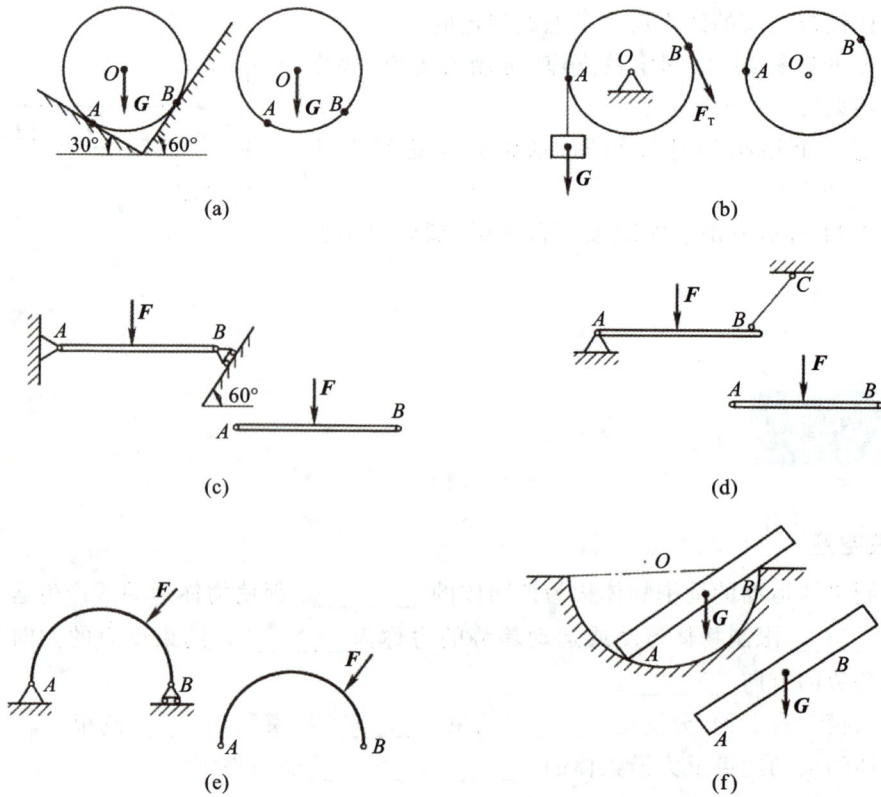

图 1-46

学习任务 4　受力分析图

学习目标

1. 能确定约束反力的类型以及各种约束反力的表示方法。
2. 会准确判断二力杆件(或二力体)。
3. 能对工程结构进行简化并绘制其受力图。

任务描述

对实际工程结构进行受力分析时,结构的约束类型不同导致受力情况不同,因此首先要判断结构的约束类型,然后根据不同约束的特点分析物体的受力,最后进行相关的力学计算。

三铰拱受力如图 1-47 所示,试绘制三铰拱整体、BC、AC 的受力图。为完成任务,应首先解除研究对象的约束,然后确定主动力,最后准确判断约束类型和约束反力。

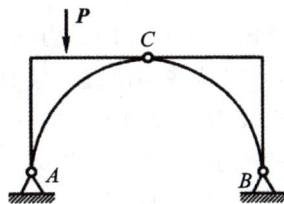

图 1-47

学习引导

本学习任务的脉络如图 1-48 所示。

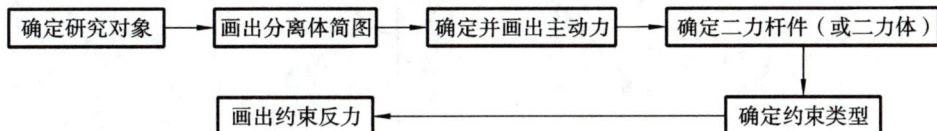

确定研究对象 → 画出分离体简图 → 确定并画出主动力 → 确定二力杆件(或二力体)

画出约束反力 ← 确定约束类型

图 1-48

相关知识

1. 受力图

在工程实际中,为了进行力学计算,要先对物体进行受力分析,即分析物体受到哪些力的作用,哪些力是已知的、哪些力是未知的,每个力的作用位置和作用方向,这个分析过程称为物体的受力分析。

为了清晰地表示物体的受力情况,我们把需要研究的物体从周围物体中分离出来,单独画出它的简图,这个步骤叫作取研究对象。被分离出来的研究对象称为分离体。分离后,在研究对象上画出它受到的全部作用力(包括主动力和约束反力)。这种表示物体的受力的简明图形称为受力图。正确地画出受力图是解决力学问题的关键,是进行力学计算的依据。

对物体进行受力分析的步骤如下。

①确定研究对象,即明确要对哪个物体进行受力分析。

②取分离体,即将研究对象从与它有联系的周围物体中分离出来,单独画出。

③画受力图,即在分离体上画出周围物体对它的全部作用力(包括主动力和约束反力)。

2. 单个物体的受力图

在画单个物体的受力图之前,先要明确研究对象,再根据实际情况弄清与研究对象有联系的物体(这些和研究对象有联系的物体就是研究对象的约束),最后根据约束性质,用相应的约束反力代替约束对研究物体的作用。经过这样的分析,我们就可画出单个物体的受力图。一般步骤:先画出研究对象的简图,再将已知的主动力画在简图上,最后在各相互作用点上画出相应的约束反力。

例 1-1 自重为 G 的球,用绳索系住靠在光滑的斜面上,如图 1-49(a)所示。试画出球的受力图。

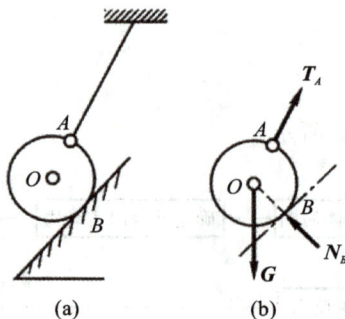

图 1-49

解:以球为研究对象,将它单独画出来。与球有联系的物体有地球、光滑斜面及绳索。地球对球的吸引力就是重力 G,作用于球心并铅垂向下;光滑斜面对球的约束反力是 N_B,通过切点 B 并沿公法线指向球心;绳索对球的约束反力是 T_A,通过接触点 A 并沿绳的中心线背离球。球的受力图如图 1-49(b)所示。

例 1-2　如图 1-50(a)所示，梯子 AB 的自重为 **G**，在 C 处用绳索拉住，A、B 处分别与光滑的墙及地面接触。试画出梯子的受力图。

解：以梯子为研究对象，将其单独画出。作用在梯子上的主动力是 **G**，作用在梯子的中点，铅垂向下；光滑墙面的约束反力是 N_A，通过接触点 A，垂直于梯子并指向梯子；光滑地面的约束反力是 N_B，通过接触点 B，垂直于地面并指向梯子；绳索的约束反力是 T_C，作用于绳索与梯子的接触点 C，沿绳索中心线并背离梯子。梯子受力图如图 1-50(b)所示。

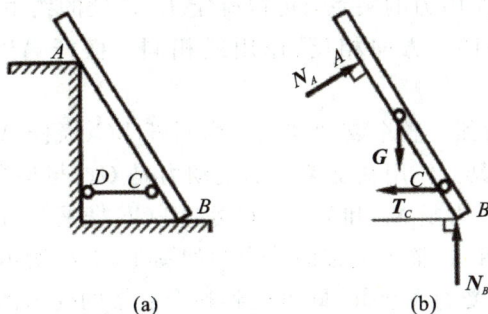

图 1-50

例 1-3　AB 梁的自重不计，其支承和受力情况如图 1-51(a)所示。试画出梁的受力图。

解：以梁为研究对象，将其单独画出。作用在梁上的主动力是已知力 **P**。A 端是固定铰支座，其约束反力 R_A 的大小和方向未知[图 1-51(b)]，也可用两个互相垂直的分力 X_A、Y_A 表示[图 1-51(c)]；B 端为可动铰支座，其反力是与支承面垂直的 R_B，其指向不定，因此可假设指向上方（或下方）。

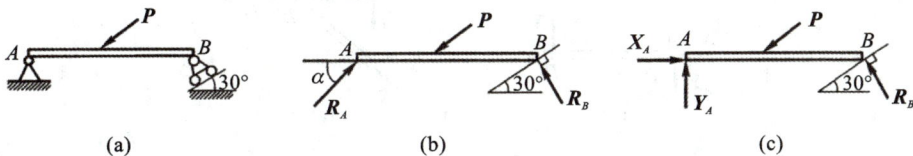

图 1-51

3. 物体系统的受力图

物体系统的受力图的画法与单个物体的受力图的画法基本相同，区别只在于所取的研究对象是由两个或两个以上的物体联系在一起的物体系统。研究时，只需将物体系统看作一个整体，在其上画出主动力和约束反力。

注意：物体系统内各部分之间的相互作用力属于作用力和反作用力，其作用效果互相抵消，可不画出来。

例 1-4　已知支架如图 1-52(a)所示，A、C、E 处都是铰链连接。水平杆 AB 上的 D 点放置了一个重力为 **G** 的重物，各杆自重不计。试画出重物、横杆 AB、斜杆 EC 及整个支架体系的受力图。

解：(1)画重物的受力图。取重物为研究对象，重物上的作用力有重力 **G** 及水平杆对重物的约束反力 N_D，如图 1-52(b)所示。

(2)画斜杆 EC 的受力图。取斜杆 EC 为研究对象,杆两端都是铰链连接,其约束反力应当通过铰中心而方向不定。斜杆 EC 中间不受任何力的作用,只在两端受到 R_E 和 R_C 两个力的作用且平衡,所以 R_E 和 R_C 必定大小相等、方向相反且作用在同一条直线上(沿两铰中心的连线)。根据主动力 G 分析,杆 EC 受压,因此 R_E 和 R_C 的作用线沿 E、C 的连线且指向杆件,如图 1-52(c)所示。当约束反力的指向无法确定时,可以任意假设。

(3)画横杆 AB 的受力图。取横杆 AB 为研究对象,与它有联系的物体有 A 点的固定铰支座、D 点的重物和 E 点的 EC 杆。A 点固定铰支座的反力用两个互相垂直的未知力 X_A 和 Y_A 表示;根据作用力与反作用力的关系,可以确定 D、E 处的约束反力分别为 N_D' 和 R_E',它们分别与 N_D 和 R_E 大小相等、方向相反、作用线相同。横杆 AB 的受力图如图 1-52(d)所示。

(4)画整个支架的受力图。整个支架体系是由斜杆 EC、横杆 AB 及重物组成的,应将其看成一个整体作为研究对象。作用在支架上的主动力是 G。与整个支架相连的有固定铰支座 A 和 C。在 A 处,约束反力是 X_A 和 Y_A;在 C 处,因 CE 杆是二力杆,支座 C 的约束反力是沿 CE 方向但大小未知的 R_C。整个支架的受力图如图 1-52(e)所示。实际上,我们将上述重物、斜杆 EC 和横杆 AB 的受力图合并,即可得到整个支架的受力图。

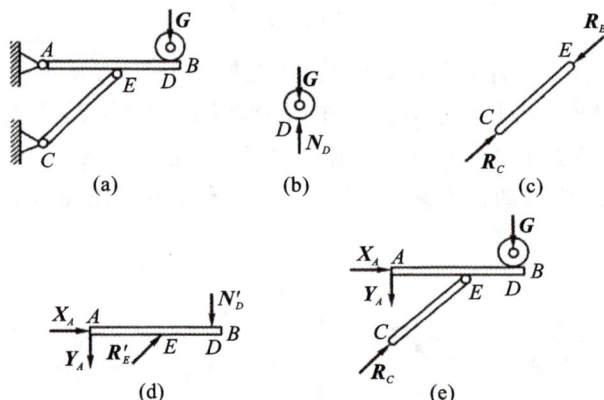

图 1-52

例 1-5 梁 AC 和 CD 用 C 处的圆柱铰链连接并支承在三个支座上,A 处为固定铰支座,B、D 处均为可动铰支座,如图 1-53(a)所示。梁的自重不计。试画出梁 AC、CD 及整梁 AD 的受力图。

解:①取梁 CD 为研究对象。梁 CD 受主动力 F 作用。D 处是可动铰支座,它的反力是沿着支座轴线的 F_D,指向假设为向上;C 处为铰链约束,它的约束反力可用两个互相垂直的分力 F_{Cx}、F_{Cy} 表示,F_{Cx} 假设指向梁 CD,F_{Cy} 假设指向上方。梁 CD 的受力图如图 1-53(b)所示。

②取梁 AC 为研究对象。A 处是固定铰支座,它的反力可用 F_{Ax} 和 F_{Ay} 表示,F_{Ax} 假设指向梁 AC,F_{Ay} 假设指向上方;B 处是可动铰支座,它的反力用 F_B 表示,假设指向上方;C 处是铰链,它的约束反力和作用在梁 CD 上的力 F_{Cx}、F_{Cy} 是作用力与反作用力的关系,其指向不能再假设。梁 AC 的受力图如图 1-53(c)所示。

③取整梁 AD 为研究对象。它的受力图如图 1-53(d)所示。

这时没有解除 C 处的铰链的约束,故 AC 与 CD 两段梁相互作用的力不必画。A、B 和 D 处支座反力假设的指向应与单个受力图中的假设的指向相符。

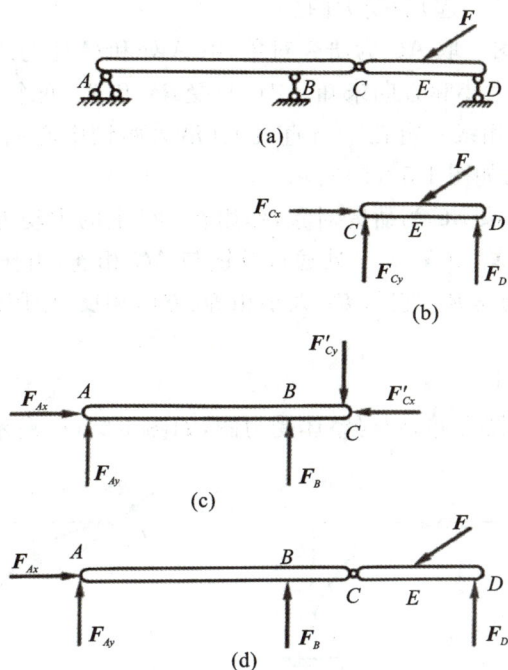

图 1-53

通过以上各例的分析,画受力图的步骤可归纳如下。

（1）明确研究对象。明确画哪个物体的受力图,然后将与它有联系的一切约束（物体）去掉,单独画出其简单轮廓图形。注意:既可取整个物体系统为研究对象,也可取物体系统的某个部分为研究对象。

（2）画主动力。主动力指重力和已知外力。

（3）画约束反力。约束反力的方向和作用线一定要严格按约束类型画,约束反力的指向不能确定时,可以假定。注意一定要先确定二力构件。

（4）检查。不要多画、错画、漏画了力。注意作用力与反作用力的关系。作用力的方向一旦确定,反作用力的方向必定与它相反,不能再随意假设。此外,在以几个物体构成的物体系统为研究对象时,系统中各物体间成对出现的相互作用力不用画出来。

画受力图时应注意以下问题:

①取分离体时不能改变其方位;

②主动力要原原本本地照画上去,不能多画,也不能少画;

③画约束反力时先考虑力的性质（二力平衡条件和作用力与反作用力公理）,然后根据不同的约束画相应的约束反力;

④同一约束反力在各受力图中假设的指向必须一致。

任务实施

（1）三铰拱 ACB 受已知力 P 的作用,如图 1-54（a）所示。若不计三铰拱的自重,试画出

AC、BC 和整体(AC 和 BC 一起)的受力图。

解:①画 AC 的受力图。取 AC 为研究对象,由 A 处和 C 处的约束性质可知其约束反力分别通过两铰中心 A、C,大小和方向未知。AC 只受 R_A 和 R_C 两个力的作用且平衡,是二力构件,所以 R_A 和 R_C 的作用线一定在一条直线上(沿着两铰中心的连线 AC),且大小相等、方向相反,指向是假定的,如图 1-54(b)所示。

②画 BC 的受力图。取 BC 为研究对象,作用在 BC 上的主动力是已知力 P。B 处为固定铰支座,其约束反力是 X_B 和 Y_B。C 处通过铰链与 AC 相连,由作用力和反作用力的关系可以确定 C 处的约束反力是 R'_C,它与 R_C 大小相等、方向相反、作用线相同。BC 的受力图如图 1-54(c)所示。

③画整体的受力图。

将 AC 和 BC 的受力图合并,即得整体受力图,如图 1-54(d)所示。

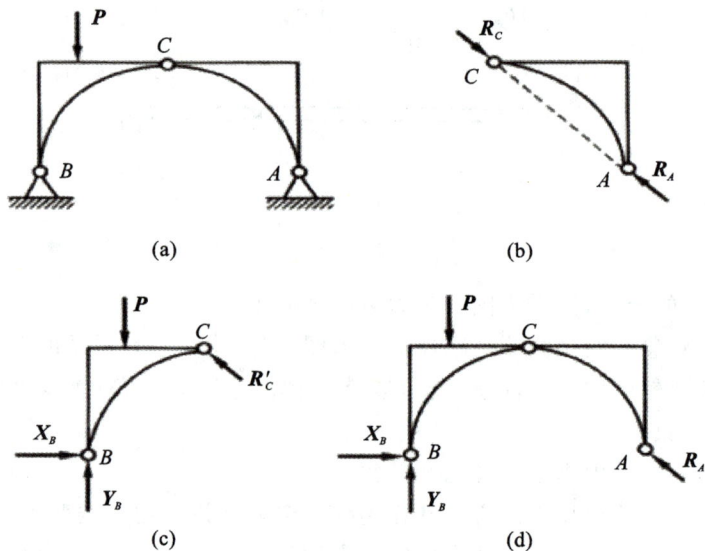

图 1-54

(2)两人一组完成学习任务,如表 1-1 所示。

表 1-1

结构图	任务
	1.二力杆件是_____ 2.支座 D 属于_____约束;C 铰属于_____约束 3.画出左图中 CD 杆和 ACB 杆的受力图

学习任务 4 工作页

班级		姓名		学号	
任务描述			预期目标		
任务名称	受力分析图		知识目标:确定约束反力的类型以及各种约束反力的表示方法;准确判断二力杆件(或二力体)。		
任务编号	4		能力目标:能对工程结构进行简化并绘制其受力图。		
知识类型	认知型		素质目标:具有求知欲和刻苦学习、钻研的精神,具有归纳总结的能力		
知识认知					

看图并查阅资料,回答相关问题

图片	研究对象	受力图
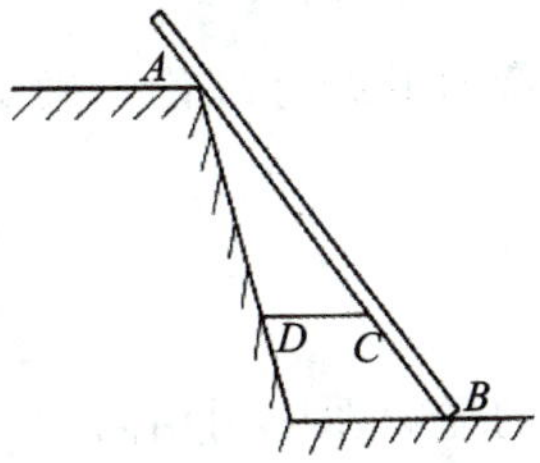 (杆件不计自重,分析 AB 杆受力)		
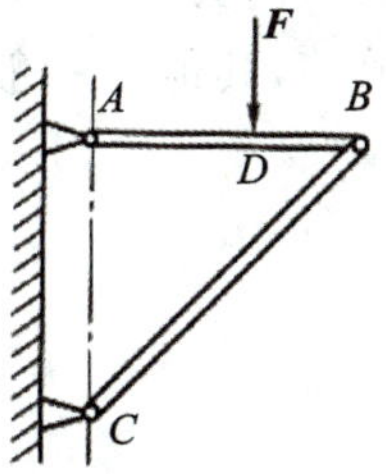 (杆件不计自重,分析结构 ABC 受力)		

学习效果评价反馈		
学生自评	1. 能确定结构中的二力杆件 □ 2. 能绘制构件的受力图 □ (根据本人实际情况填写:A. 会;B. 基本会;C. 不会)	
学习小组评价	团队合作□ 工作效率□ 交流沟通能力□ 获取信息能力□ 写作能力□ 表达能力□ (根据小组完成任务情况填写:A. 优秀;B. 良好;C. 合格;D. 有待改进)	
教师评价		
个人总结与反思		

任务小结

1. 受力图的画法及步骤

物体的受力分析:将物体从系统中隔离出来;根据约束的性质分析约束反力,并应用作用力与反作用力公理分析隔离体所受各力的位置、作用线及可能方向;画出受力图。

(1)根据题意选取研究对象,用尽可能简明的轮廓单独画出,即取分离体。

(2)画出该研究对象所受的全部主动力。

(3)在研究对象上所有原来存在约束(与其他物体接触和相连)的地方,根据约束的性质画出约束反力。方向不能预先独立确定的约束反力(如圆柱铰链的约束反力),可用互相垂直的两个分力表示,指向可以假设。

(4)有时可根据作用在分离体上的力系特点(如利用二力平衡时共线等理论),确定某些约束反力的方向,简化受力图。

2. 画受力图应注意的事项

(1)当选取的分离体是互相联系的物体时,同一个力在不同的受力图中用相同的方法表示;同一处的一对作用力和反作用力,分别在两个受力图中表示成相反的方向。

(2)当画作用在分离体上的全部外力时,不能多画,也不得少画。内力一律不画。除分布力以等效的集中力代替、未知的约束反力可用它的正交分力表示外,其他力一般不合成、不分解,画在其真实作用位置上。

思考题

1.画受力图的步骤是什么?

2.画受力图时要注意哪些问题?

课后习题

一、填空题

1.进行构件受力分析时,需要把构件从与它联系的周围物体中分离出来,画出该构件的简图,这一过程称为解除_____取_____体。

2.在构件的分离体上,按已知条件画出_____力;按不同约束模型的约束反力的方向和表示符号画出全部_____力,得到的图称为构件的受力图。

二、作图题

1. 分别画出图 1-55 所示结构中指定构件的受力图。

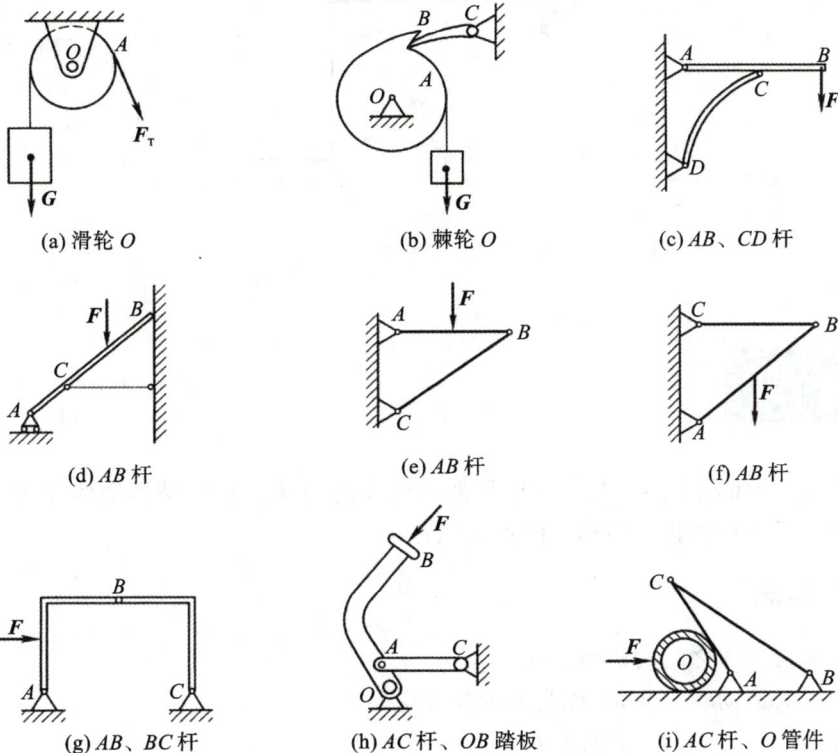

(a) 滑轮 O　　　　　(b) 棘轮 O　　　　　(c) AB、CD 杆

(d) AB 杆　　　　　(e) AB 杆　　　　　(f) AB 杆

(g) AB、BC 杆　　　(h) AC 杆、OB 踏板　　(i) AC 杆、O 管件

图 1-55

2. 分别画出图 1-56 所示结构中指定构件的受力图。

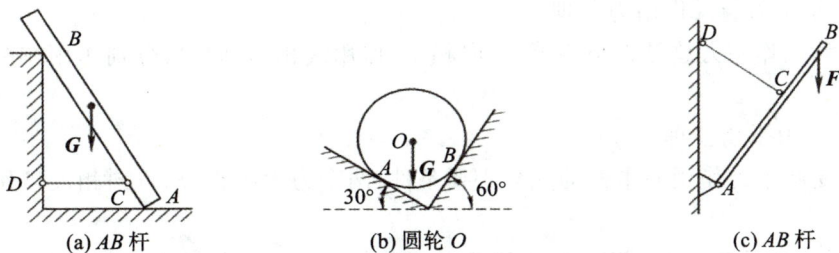

(a) AB 杆　　　　　(b) 圆轮 O　　　　　(c) AB 杆

图 1-56

3. 分别画出图 1-57 中各构件的受力图(假定各接触面都是光滑的,未注明重力的物体都不计自重)。

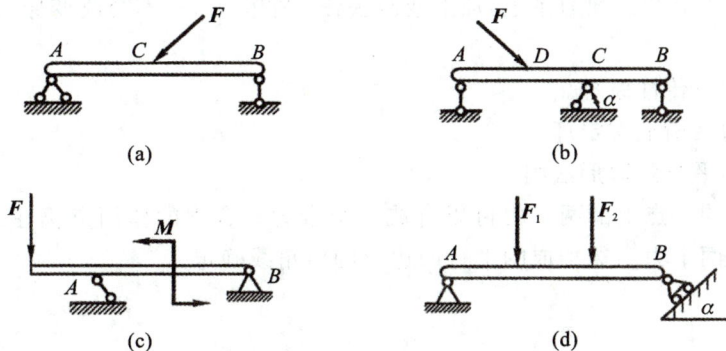

(a)　　　　　　　　(b)

(c)　　　　　　　　(d)

图 1-57

4.画出图 1-58 中梁的受力图（梁的自重不计）。

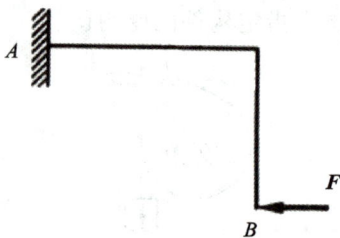

图 1-58

模块小结

刚体是指在力的作用下，大小和形状都不改变的物体。平衡是指物体在力的作用下相对于惯性参考系保持静止或匀速直线运动状态。

1. 力的概念

力是物体与物体之间的机械作用。
力使物体的运动状态变化，称为力的外效应。
力使物体产生变形，称为力的内效应。

2. 静力学公理

公理 1：作用力与反作用力公理
作用力和反作用力总是大小相等、方向相反、作用线相同，同时、分别作用在两个相互作用的物体上。
公理 2：二力平衡公理。
刚体仅受两个力作用而平衡的充分必要条件：两个力大小相等、方向相反且作用在一条直线上。
二力构件：仅受两个力作用而处于平衡状态的构件。二力构件受力的特点：两个力的作用线必沿其作用点的连线。
公理 3：加减平衡力系公理。
在作用于刚体上的已知力系上，加上或减去任一平衡力系，不会改变原力系对刚体的作用效应。
推论 1：力的可传性原理。
推论 2：三力平衡汇交定理。
公理 4：力的平行四边形法则。
作用在物体同一点上的两个力可以合成一个合力。合力的作用点仍在该点，合力的大小和方向由以这两个力为边构成的平行四边形的对角线确定。

3. 常见的约束类型及物体的受力分析

阻碍物体运动的限制物称为约束。约束阻碍物体运动趋向的力称为约束反力。约束反力的方向根据约束的类型确定,总是与约束所能限制的运动方向相反。

(1)柔体约束。柔体约束指由绳索、皮带、链条等构成的约束。柔体约束只产生沿着柔体中心线的拉力。

(2)光滑面约束。约束与被约束物刚性接触,忽略接触面的摩擦。这种接触约束的约束反力沿着接触面的公法线方向,恒为压力。

(3)圆柱铰链约束。圆柱铰链约束是由圆孔和销钉构成的约束,它只提供一个方向不确定的约束反力。该约束反力可以分解为互相垂直的两个分力。

(4)链杆约束,就是两端用销钉与物体相连且中间不受力的直杆。这种约束只能限制物体沿着链杆中心线的趋向或离开链杆的运动,不能限制其他方向的运动。所以链杆的约束反力沿链杆中心线,指向未定。

4. 结构的计算简图

(1)在对实际结构进行计算之前,通常对其进行简化,表现其主要特点,略去次要因素,用一个简化图形代替实际结构,这种图形称为结构的计算简图。

(2)确定一个结构的计算简图,通常要进行荷载的简化、系统的简化、杆件的简化、支座的简化、结点的简化等。

5. 受力图的画法及步骤

物体的受力分析:将物体从系统中隔离出来;根据约束的性质分析约束反力,并应用作用力与反作用力公理分析隔离体所受各力的位置、作用线及可能方向;画出受力图。

(1)根据题意选取研究对象,用尽可能简明的轮廓单独画出,即取分离体。

(2)画出该研究对象所受的全部主动力。

(3)在研究对象上所有原来存在约束(与其他物体接触和相连)的地方,根据约束的性质画出约束反力。方向不能预先独立确定的约束反力(如圆柱铰链的约束反力),可用互相垂直的两个分力表示,指向可以假设。

(4)有时可根据作用在分离体上的力系特点(如利用二力平衡时共线等理论),确定某些约束反力的方向,简化受力图。

6. 画受力图应注意的事项

(1)当选取的分离体是互相联系的物体时,同一个力在不同的受力图中用相同的方法表示;同一处的一对作用力和反作用力,分别在两个受力图中表示成相反的方向。

(2)当画作用在分离体上的全部外力时,不能多画,也不得少画。内力一律不画。除分布力以等效的集中力代替、未知的约束反力可用它的正交分力表示外,其他力一般不合成、不分解,画在其真实作用位置上。

学习任务 1　力矩和力偶

学习目标

1. 能解释力矩、力偶、力偶矩的概念。
2. 会计算力矩和力偶矩。
3. 能阐述力偶的基本性质及其在计算中的应用。
4. 能叙述力的平移定理。

任务描述

如图 2-1 所示，挡土墙重力 $G_1 = 75$ kN，铅垂土压力 $G_2 = 120$ kN，水平土压力 $P = 90$ kN。根据力矩的定义，计算这三个力对前趾点 A 的力矩，并指出哪些力矩有使墙绕 A 点倾倒的趋势、哪些力矩使墙趋于稳定。

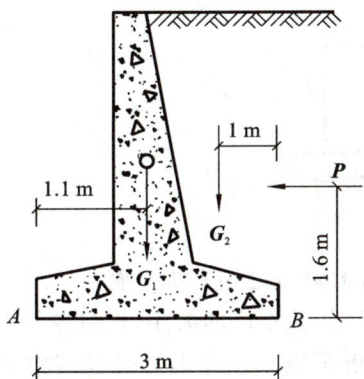

图 2-1

学习引导

本学习任务的脉络如图 2-2 所示。

力矩的计算 → 力偶矩的计算 → 分析力矩的转向 → 确定稳定力矩和倾覆力矩

图 2-2

相关知识

1. 力矩

从生活实践可知,力除了能使物体移动,还能使物体转动。例如,用扳手拧螺母时,力可使扳手和螺母绕螺母轴线转动。杠杆、定滑轮等简易机械也是力使物体绕一点转动的实例。

力使物体产生转动效应与哪些因素有关呢? 例如,用扳手拧螺母时(图 2-3),力 F 使扳手绕螺母中心 O 转动的效应,不仅与力 F 的大小成正比,还与螺母中心 O 到该力作用线的垂直距离 d 成正比。转动中心 O 称为矩心,矩心到力的作用线的垂直距离 d 称为力臂。

此外,扳手的转向可能是逆时针方向,也可能是顺时针方向。因此,我们用力的大小与力臂的乘积 Fd,再加上正负号来表示力 F 使物体绕 O 点转动的效应(图 2-4),称为力 F 对 O 点的矩,用符号 $M_O(F)$ 或 M_O 表示。

一般规定:使物体产生逆时针转动的力矩为正;反之为负。所以,力矩为代数量,并记作

$$M_O(F) = \pm Fd$$

力 F 对点 O 的力矩也可用△OAB 面积的 2 倍表示,即

$$M_O(F) = \pm 2S_{\triangle OAB}$$

按国际单位制,力矩的单位是牛·米(N·m)或千牛·米(kN·m)。

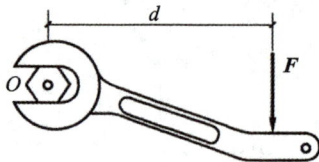

图 2-3

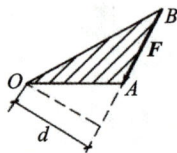

图 2-4

由力对点之矩的概念可知,力对点之矩有如下特性。

(1)力 F 对 O 点之矩不仅取决于力 F 的大小,而且与矩心的位置有关,一般同一个力对不同点之矩是不同的,因此,不指明矩心计算力矩是没有意义的。所以在计算力矩时,一定要明确矩心。矩心的取法很灵活,可以根据需要取在物体上,也可取在物体外。

(2)力 F 对任一点之矩不会因该力沿其作用线移动而改变,因为此时力和力臂的大小均未改变。

(3)力的作用线通过矩心时,力矩等于零。

(4)互成平衡的二力对同一点之矩的代数和等于零。

2. 合力矩定理

在计算力系的合力矩时,常用到合力矩定理:平面汇交力系的合力对平面内任一点之矩等于所有分力对同一点之矩的代数和,即

$$M_O(\boldsymbol{F}_R) = M_O(\boldsymbol{F}_1) + M_O(\boldsymbol{F}_2) + \cdots + M_O(\boldsymbol{F}_n) = \sum_{i=1}^{n} M_O(\boldsymbol{F}_i)$$

3. 力矩的求解

求平面内力对某点的力矩,一般采用以下两种方法。

(1)直接计算力臂,由定义求力矩。

(2)应用合力矩定理求力矩。此时应注意以下两点:①将一个力恰当地分解为两个相互垂直的分力,利用分力取矩,并注意取矩方向;②刚体上的力可沿其作用线移动,故力可在作用线上任一点分解,而具体选择哪一点,其原则是使分解后的两个分力取矩比较方便。

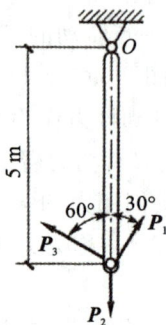

图 2-5

例 2-1 试求图 2-5 中的三个力对 O 点的力矩。已知 $P_1 = 2$ kN, $P_2 = 3$ kN,$P_3 = 4$ kN。

解:根据力矩的定义求力矩。

$$M_O(\boldsymbol{P}_1) = 2 \times 5 \times \sin 30° \text{ kN} \cdot \text{m} = 5 \text{ kN} \cdot \text{m}$$

$$M_O(\boldsymbol{P}_2) = 0$$

$$M_O(\boldsymbol{P}_3) = -4 \times 5 \times \sin 60° \text{ kN} \cdot \text{m} = -17.3 \text{ kN} \cdot \text{m}$$

例 2-2 如图 2-6 所示,已知 $F_1 = F_2 = F_3 = F_4 = 8$ kN,求各力对 A 点的矩。

解:$M_A(\boldsymbol{F}_1) = -F_1 L \sin 30° = -8 \text{ kN} \times 2 \text{ m} \times 0.5 = -8 \text{ kN} \cdot \text{m}$

$$M_A(\boldsymbol{F}_2) = -F_2 L = -8 \text{ kN} \times 2 \text{ m} = -16 \text{ kN} \cdot \text{m}$$

$$M_A(\boldsymbol{F}_3) = 0$$

$$M_A(\boldsymbol{F}_4) = F_4 L \sin 60° = 8 \text{ kN} \times 2 \text{ m} \times 0.866 = 13.9 \text{ kN} \cdot \text{m}$$

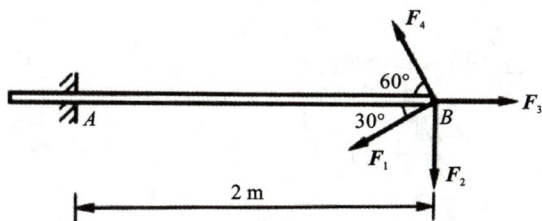

图 2-6

例 2-3　一个齿轮受到与它啮合的另一个齿轮的法向压力($F_n = 1400$ N)的作用,如图 2-7 所示。已知压力角 $\alpha = 20°$,节圆直径 $D = 0.12$ m。求法向压力 $\boldsymbol{F}_n$ 对齿轮轴心 O 之矩。

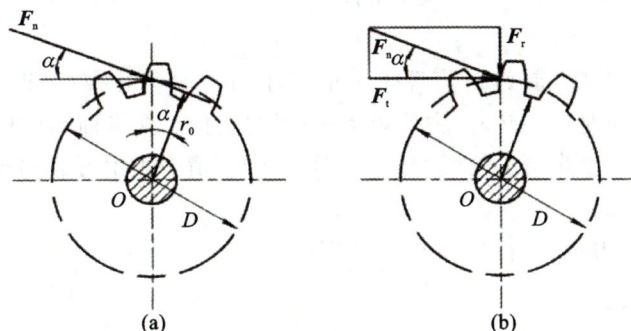

图 2-7

解: 用两种方法计算。

(1) 用力矩定义求解,如图 2-7(a) 所示。

$$M_O(\boldsymbol{F}_n) = -F_n r_0 = -F_n \frac{D}{2}\cos\alpha = -1400 \times \frac{0.12}{2} \times \cos 20° \text{ N} \cdot \text{m} = -78.93 \text{ N} \cdot \text{m}$$

(2) 用合力矩定理求解,如图 2-7(b) 所示。将力 $\boldsymbol{F}_n$ 在啮合点处分解为圆周力和径向力,由合力矩定理求解。

$$M_O(\boldsymbol{F}_n) = M_O(\boldsymbol{F}_t) + M_O(\boldsymbol{F}_r) = F_t \times \frac{D}{2} = -1400 \times \cos 20° \times \frac{0.12}{2} \text{ N} \cdot \text{m} = -78.93 \text{ N} \cdot \text{m}$$

4. 力偶

1) 力偶的概念

物体受到大小相等、方向相反、共线的两个力作用时,物体保持平衡状态。但是,当两个力大小相等、方向相反、不共线但平行时,物体能否保持平衡呢? 在日常生活中,经常见到汽车司机用双手转动方向盘、工人用丝锥操作等情况,如图 2-8 所示。方向盘、丝锥等物体上作用两个大小相等、方向相反、不共线的平行力。这两个等值、反向、不共线的平行力不能合成一个力。事实上,这样的两个力能使物体产生转动效应。大小相等、方向相反、作用线平行但不共线的两个力组成的力系,称为力偶,记作($\boldsymbol{F}, \boldsymbol{F}'$),如图 2-9 所示。力偶的两个力之间的垂直距离 d 称为力偶臂,力偶所在的平面称为力偶作用面。

2) 力偶矩

由经验知,力偶对物体的转动效应,取决于力偶中力和力偶臂的大小以及力偶的转向。

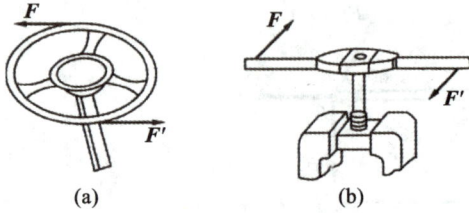

(a)   (b)

图 2-8

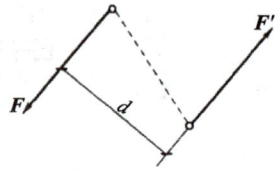

图 2-9

因此,在力学中,以乘积 Fd 加上正负号作为度量力偶对物体转动效应的物理量,称为力偶矩。以符号 $M(\boldsymbol{F},\boldsymbol{F}')$ 或 M 表示,即

$$M(\boldsymbol{F},\boldsymbol{F}')=\pm Fd$$
$$M=\pm Fd$$

力偶矩是一个代数量,其绝对值等于力的大小与力偶臂的乘积,正负号表示力偶的转向。通常规定,力偶逆时针旋转时,力偶矩为正;反之为负。在平面问题中,力偶可用力和力偶臂表示,也可以用一个带箭头的弧线表示(图 2-10)。箭头表示力偶的转向,M 表示力偶矩的大小。

力偶矩的单位与力矩相同,为 N·m 或 kN·m。

3)力偶的三要素

实践证明,力偶对物体的作用效果,由以下三个因素决定:①力偶矩的大小;②力偶的转向;③力偶作用面的方位。这三个因素称为力偶的三要素。

4)力偶的性质

(1)力偶不能简化为一个合力。

力偶在任一轴上的投影等于零,所以力偶不会对物体产生移动效应,只产生转动效应。一般来说,一个力可以使物体产生移动和转动两种效应。力偶和力对物体的作用效应不同,说明力偶不能用一个力代替,即力偶不能简化为一个力,因此力偶不能和一个力平衡,力偶只能与力偶平衡。

(2)力偶对其作用面内任一点的矩都等于力偶矩,与矩心位置无关。

如图 2-11 所示,在力偶作用面内任取一点 O 为矩心,以 $M_O(\boldsymbol{F},\boldsymbol{F}')$ 表示力偶对点 O 的矩,则

$$M_O(\boldsymbol{F},\boldsymbol{F}')=M_O(\boldsymbol{F}')+M_O(\boldsymbol{F})=F(d+x)-F'x=Fd$$

$M=-Fd$

图 2-10

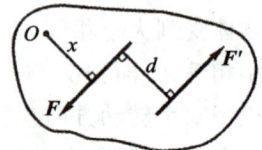

图 2-11

由此可知,力偶的作用效应取决于力的大小和力偶臂的长短,与矩心的位置无关。

(3)如果在同一平面内的两个力偶的力偶矩大小相等、力偶的转向相同,这两个力偶是等效的。或者说,只要保持力偶矩的代数值不变,力偶可在其作用面内任意移动或转动,或同时改变力和力偶臂的大小,力偶对物体的转动效应不变。

从以上分析可知,力偶对于物体的转动效应取决于力偶矩的大小、力偶的转向及力偶作用面的方位,即力偶的三要素。因此,力偶在其作用面内除可用两个力表示外,还可用一个带箭头的弧线表示。

根据力偶的等效性,可得出下面两个推论。

推论 1:力偶可在其作用面内任意移动、转动,而不改变它对刚体的转动效应,即力偶对刚体的转动效应与其在作用面内的位置无关。

推论 2:在力偶矩的大小和力偶的转向不变的情况下,可任意改变力偶中力的大小和力偶臂的长短,而不改变它对刚体的转动效应。

通过前面所学知识,我们将力和力偶、力矩和力偶矩进行比较,如表 2-1 和表 2-2 所示。

表 2-1

力	力偶
力的作用是使物体沿力的作用线移动	力偶的作用是使物体在力偶作用面内转动
力矢量是滑移矢	力偶矩矢量是自由矢,平面力偶矩只有正、负,可以用代数量表示
力的三要素是力的大小、方向与作用线	力偶的三要素是力偶矩的大小、力偶的转向与力偶作用面的方位

表 2-2

力矩和力偶矩的不同点	力矩和力偶矩的相同点
1.力偶矩是力偶使刚体转动的度量;力矩是力使刚体绕某点转动的度量。 2.力偶矩与矩心无关;力矩随矩心的改变而改变。 3.力偶矩可以完全描述一个力偶;力矩不能完全描述一个力	1.平面力偶系的力偶矩与平面力系的力矩都可视为代数量,且通常对其正、负号的规定相同。 2.单位相同,国际单位都为 N·m

5. 平面力偶系合成与平衡的应用

平面力偶系是指作用在物体同一平面内的若干力偶组成的力偶系。

设在刚体的同一平面内作用有两个力偶 M_1 和 M_2,$M_1=F_1d_1$,$M_2=-F_2d_2$,如图 2-12(a)所示,求它们的合成结果。根据力偶的性质,在力偶作用面内任取一条线段 $AB=d$,将这两个力偶都等效地变换为以 d 为力偶臂的新力偶(F_3,F_3')和(F_4,F_4'),经变换后力偶中的力可由 $F_3d=F_1d_1=M_1$,$-F_4d=-F_2d_2=M_2$ 算出;移转各力偶,使它们的力偶臂都与 AB 重合,则原平面力偶系变换为作用于点 A、B 的两个共线力系,如图 2-12(b)所示;将这两个共线力系合成(设 $F_3>F_4$),得 $F=F_3-F_4$,$F'=F_3'-F_4'$。

可见,力 F 与 F' 等值、反向、作用线平行且不共线,构成了与原力偶系等效的合力偶(F,F'),如图 2-12(c)所示。以 M 表示此合力偶矩,得 $M=Fd=(F_3-F_4)d=F_3d-F_4d=M_1+M_2$。

如果有两个以上的平面力偶,那么同样可以按照上述方法合成。平面力偶系可以合成一个合力偶,合力偶矩等于力偶系中各力偶矩的代数和,可写为

$$M = M_1 + M_2 + \cdots + M_n = \sum_{i=1}^{n} M_i$$

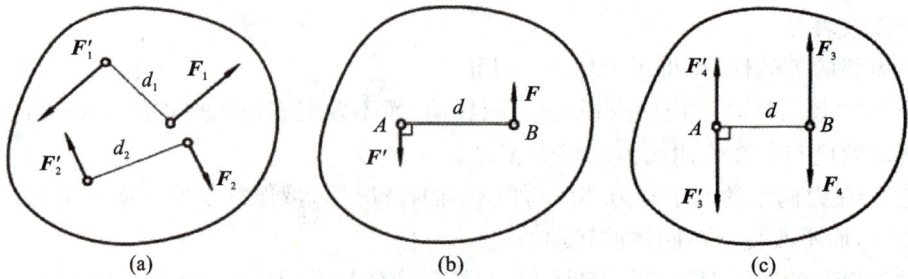

图 2-12

例 2-4 如图 2-13 所示,用多轴钻床在一个工件上同时钻出四个直径相同的孔,每个钻头作用于工件的钻削力偶的力偶矩为 15 N·m。求作用于工件的总钻削力偶矩。

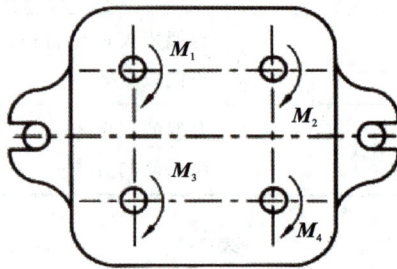

图 2-13

解: 作用于工件上的四个力偶的力偶矩的大小相等、转向相同且在同一平面,可求出合力偶矩(总钻削力偶矩)为

$$M = M_1 + M_2 + M_3 + M_4 = 4 \times (-15) \text{ N·m} = -60 \text{ N·m}$$

负号表示合力偶矩为顺时针方向。

知道总钻削力偶矩之后,就可考虑夹紧措施,设计夹具。

例 2-5 如图 2-14 所示,物体在某平面内受三个力偶作用。已知 $F_1 = 200$ N,$F_2 = 600$ N,$M_3 = -100$ N·m,求其合成结果。

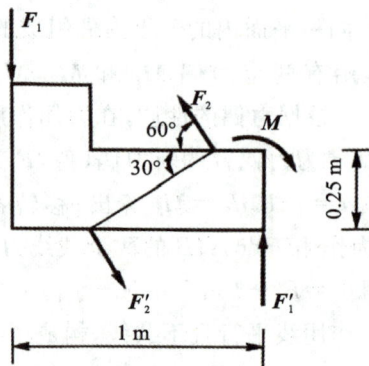

图 2-14

解: 三个共面力偶合成的结果是一个合力偶。

$$M_1 = F_1 d_1 = 200 \text{ N} \times 1 \text{ m} = 200 \text{ N·m}$$

$$M_2 = F_2 d_2 = 600 \text{ N} \times 0.25 \text{ m/sin}30° = 300 \text{ N} \cdot \text{m}$$

$$M_3 = -100 \text{ N} \cdot \text{m}$$

则合力偶矩为

$$M = \sum M = M_1 + M_2 + M_3 = 200 \text{ N} \cdot \text{m} + 300 \text{ N} \cdot \text{m} - 100 \text{ N} \cdot \text{m} = 400 \text{ N} \cdot \text{m}$$

合力偶矩的大小为 400 N·m，沿逆时针方向，与原力偶系共面。

学习任务 1 工作页

班级		姓名		学号	
任务描述			预期目标		
任务名称	力矩和力偶		知识目标:解释力对点之矩、力偶、力偶矩的概念;计算力矩和力偶矩;阐述力偶的基本性质及其在计算中的应用;叙述力的平移定理。 素质目标:力矩和力偶矩在工程设计中有重要应用。通过学习这些概念,培养工程思维,理解如何在实际设计中考虑力的作用及其影响		
任务编号	1				
知识类型	认知型				

知识认知					

两人一组分析并计算挡土墙的倾覆力矩。已知挡土墙重力 $G_1 = 75$ kN,铅垂土压力 $G_2 = 120$ kN,水平土压力 $P = 90$ kN。试求这三个力对前趾点 A 的矩,并指出哪些力矩有使墙绕 A 点倾倒的趋势、哪些力矩使墙趋于稳定

图片	填空
	根据力矩的定义求力矩。 $M_A(\boldsymbol{G_1}) = -G_1 \times 1.1 = -75 \times 1.1 \text{ kN} \cdot \text{m} = -82.5 \text{ kN} \cdot \text{m}$(顺时针) $M_A(\boldsymbol{G_2}) = \underline{\qquad\qquad\qquad}$ $M_A(\boldsymbol{P}) = \underline{\qquad\qquad\qquad}$ 1.挡土墙的自重 $\boldsymbol{G_1}$ 对前趾点 A 产生(　　)时针的力矩,是使挡土墙(　　)的力矩。 2.铅垂土压力 $\boldsymbol{G_2}$ 对前趾点 A 产生(　　)时针的力矩,是使挡土墙(　　)的力矩。 3.水平土压力 $\boldsymbol{P}$ 对前趾点 A 产生(　　)时针的力矩,是使挡土墙(　　)的力矩。 1~3题答案选项:A.顺,稳定;B.逆,倾倒
根据梁的受力情况计算梁所受的力偶矩和该力偶对 A、B 点的力矩。	
	$M_A(\boldsymbol{P},\boldsymbol{P}) = \underline{\qquad\qquad}$; $M_B(\boldsymbol{P},\boldsymbol{P}) = \underline{\qquad\qquad}$

续表

学习效果评价反馈	
学生自评	1. 理解使物体转动的效应 ☐ 2. 掌握力矩和力偶在计算中的实际应用 ☐ 3. 能描述力的平移定理 ☐ （根据本人实际情况填写：A. 会；B. 基本会；C. 不会）
学习小组评价	团队合作☐　工作效率☐　交流沟通能力☐　获取信息能力☐　写作能力☐　表达能力☐ （根据小组完成任务情况填写：A. 优秀；B. 良好；C. 合格；D. 有待改进）
教师评价	
个人总结与反思	

思考题

1. 怎样计算力矩和力偶矩？
2. 力矩为零的形式有哪几种？
3. 什么是力的平移定理？
4. 什么是合力偶定理？

课后习题

一、填空题

1. 力矩是力使物体产生_____效应的量度，其单位是_____，用符号_____表示。力矩有正负之分，_____规定为正。

2. 力系合力对某点的力矩，等于该力系各_____对该点的力矩的_____和。

3. 求力 F 对某点 O 的力矩时，若力臂不易确定，可用合力矩定理，将力矩分解为两个正交分力对点 O 的力矩的_____，用公式表示为 $M_O(F)=$ _____。

4. 大小_____、方向_____、作用线_____的一对力称为力偶。

5. 力偶在坐标轴上的投影等于_____，力偶不能与一个_____等效，力偶只能用_____来平衡。

6. 平面力偶对其作用平面内任一点的力矩恒等于其_____。

7. 力偶对物体的转动效应与作用在平面内的_____无关，可以在其_____上任意迁移。

8.力向作用线外任意点平移,得到一个_____和一个_____,平移力的大小和方向与平移点的位置_____,附加力偶矩的大小和转向与平移点的位置_____。

二、判断题

1.力矩为零表示力的作用线通过矩心或力为零。 　　　　　　　　　　　　　（　　）

2.力对物体的转动效应是由力偶引起的。 　　　　　　　　　　　　　　　（　　）

3.一个力矩仅是一个附加力偶矩的代替运算。 　　　　　　　　　　　　　（　　）

4.由力线平移可知,平面上的一个力和一个力偶可以简化成一个力。 　　　（　　）

三、选择题

1.如图 2-15 所示,半径为 r 的鼓轮在力偶 M 与鼓轮右边重 G 的重物的作用下处于平衡状态,鼓轮的状态表明（　　）。

A.力偶可以与一个力平衡　　　　　　B.力偶不能与一个力平衡

C.力偶只能与力偶平衡　　　　　　　D.在一定条件下,力偶可以与一个力平衡

2.如图 2-16(a)所示,平面力偶的力偶矩 $M=10\ \text{kN}\cdot\text{m}$, $\alpha=30°$,则力偶在 x 轴的投影等于（　　）,在 y 轴的投影等于（　　）;如图 2-16(b)所示,平面力偶的力偶矩 $M=10\ \text{kN}\cdot\text{m}$, $d=0.5\ \text{m}$,则力偶对 O 点的力偶矩等于（　　）。

A.10 kN·m　　　B.5 kN·m　　　C.5 kN　　　　　D.0

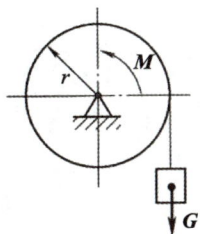
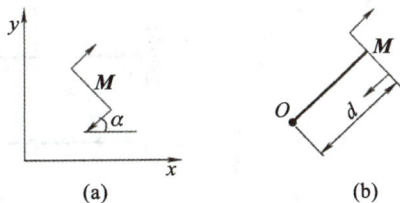

图 2-15　　　　　　　　　　　　　　　图 2-16

四、计算题

1.试计算图 2-17 中力 F 对 O 点的力矩。

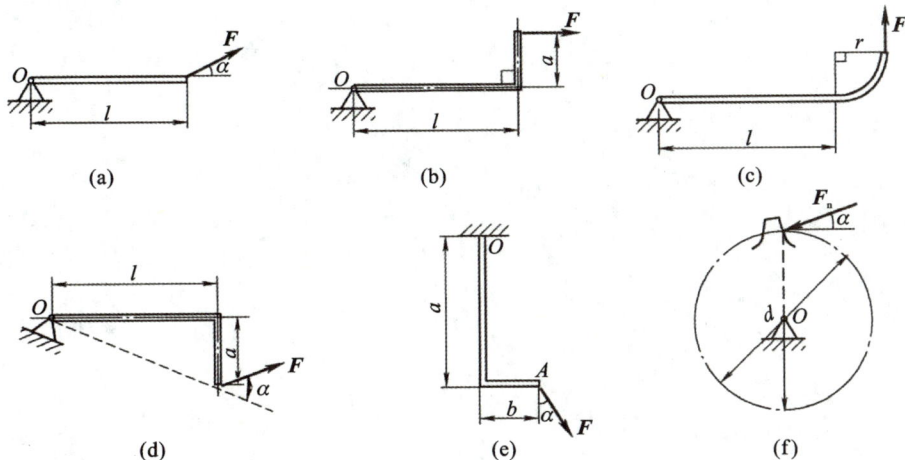

(a)　　　　　　　　(b)　　　　　　　　(c)

(d)　　　　　　　　(e)　　　　　　　　(f)

图 2-17

2.各梁的受力情况如图 2-18 所示,试求各梁所受的力偶矩,各力偶对 A、B 的点之矩。

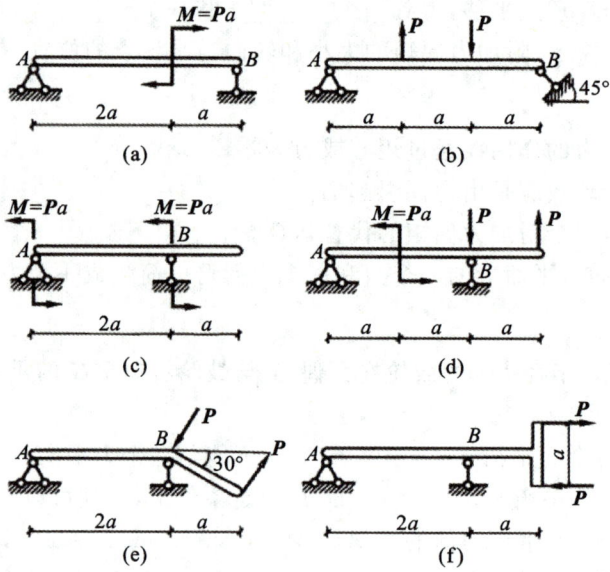

图 2-18

3.悬臂梁的受力情况及结构尺寸如图 2-19 所示。试求梁上均布荷载 q 对 A 点的力矩。

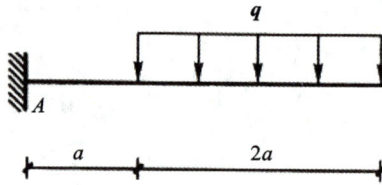

图 2-19

学习任务 2 平面汇交力系合成与分解

学习目标

1.能描述工程实际中的平面力系问题。
2.会应用解析法计算力在直角坐标轴上的投影。
3.会计算平面汇交力系的合力和合力矩。
4.能应用平面汇交力系的平衡条件分析三角支架的受力问题。

任务描述

三角支架的受力情况如图 2-20 所示。已知挂在 B 点的物体的重力为 G，试求 AB、BC 两杆所受的力。

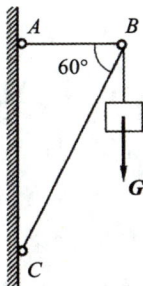

图 2-20

学习引导

本学习任务的脉络如图 2-21 所示。

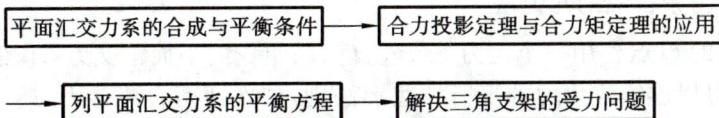

平面汇交力系的合成与平衡条件 ——→ 合力投影定理与合力矩定理的应用

——→ 列平面汇交力系的平衡方程 ——→ 解决三角支架的受力问题

图 2-21

相关知识

1. 平面力系的概念

力系中各力的作用线位于同一平面,但不全部汇交于一点,也不全部互相平行,这样的力系称为平面一般力系或平面任意力系,简称平面力系。各力的作用线不在同一平面内的力系称为空间力系。

建筑工程中遇到的很多实际问题都可以简化为平面力系来处理,平面力系是工程中常见的力系。平面力系又分为平面汇交力系、平面力偶系和平面任意力系。若作用在刚体上的力的作用线在同一平面内,且汇交于一点,该力系称为平面汇交力系。若作用在刚体上的力偶分布在同一平面内,该力偶系称为平面力偶系。若作用在刚体上的力的作用线在同一平面内,且任意分布,该力系称为平面任意力系。

在工程中,厚度远小于其他两个方向上的尺寸的结构称为平面结构。作用在平面结构上的力一般都在同一结构平面内,组成了一个平面力系。例如,图 2-22 所示的平面桁架受到屋面传来的竖向荷载 P、风荷载 Q,以及 A、B 支座反力 X_A、Y_A、R_B 的作用,这些力组成了一个平面力系。

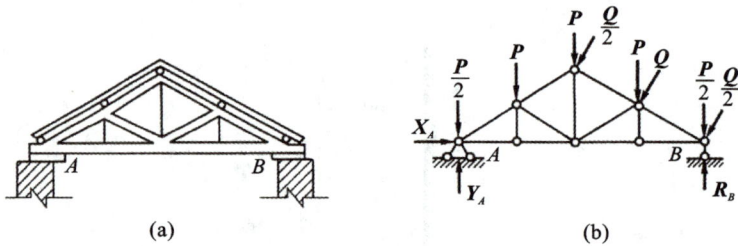

图 2-22

工程中有些结构承受的力本来不组成平面力系,但可以简化为平面力系来处理。例如水坝(图 2-23)、挡土墙等都是纵向很长、横断面相同的构筑物,其受力情况沿长度方向大致相同,因此可沿其纵向截取 1 m 的长度为研究对象。此时。简化后的自重、地基反力、水压力等组成一个平面力系。

平面任意力系总是可以看成平面汇交力系和平面力偶系的组合。因此,平面汇交力系和平面力偶系可称为基本力系。

2. 平面汇交力系的合成与平衡的几何法

1)平面汇交力系合成的几何法

设在刚体上的 O 点作用一个由力 F_1、F_2、F_3、F_4 组成的平面汇交力系[图 2-24(a)],为求该力系的合力,可以连续应用力的平行四边形法则,依次两两合成各力,最后求得一个作用线也通过力系汇交点的合力 R。下面介绍用几何作图法求平面汇交力系的合力。

在力系所在的平面内,任取一点 A,按一定的比例尺,先作平行且等于力 F_1 的矢量 AB,

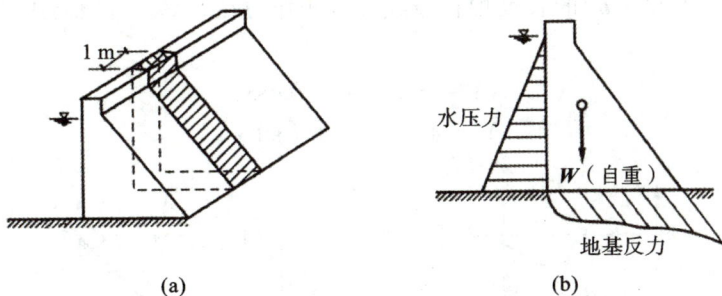

图 2-23

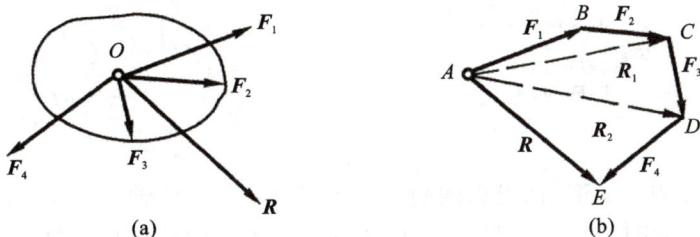

图 2-24

再从所作矢量的末端 B 作平行且等于力 F_2 的矢量 BC，连接 A、C，求得它们的合力 R_1；过 R_1 的末端作平行且等于力 R_3 的矢量 CD，连接 A、D，求得它们的合力 R_2；依此类推，最后将 R_2 与 F_4 合成，即得到该平面汇交力系的合力 R[图 2-24(b)]。多边形 $ABCDE$ 称为此平面汇交力系的力多边形，AE 称为力多边形的封闭边。封闭边矢量 AE 表示此平面汇交力系合力 R，合力 R 的作用线通过原力系的汇交点 A。上述求合力的几何作图方法，称为力多边形法则（力三角形法则的推广），适用于任何矢量的合成。

上述结果表明：平面汇交力系合成的结果是一个合力，合力作用线通过各力的汇交点，合力等于原力系中所有各力的矢量和，即

$$R = F_1 + F_2 + F_3 + \cdots + F_n = \sum_{i=1}^{n} F_i$$

2）平面汇交力系平衡的几何条件

由平面汇交力系的合成结果可知，平面汇交力系平衡的充分必要条件是该力系的合力等于零，用矢量式表示，即

$$R = \sum_{i=1}^{n} F_i = 0$$

按力多边形法则，在合力等于零的情况下，力多边形中最后一个力矢的终点与第一个力矢的起点重合，此时的力多边形称为封闭的力多边形。因此可得如下结论：平面汇交力系平衡的充分必要条件是该力系的力多边形封闭。这就是平面汇交力系平衡的几何条件。

3. 平面汇交力系合成与平衡的解析法

1）力在直角坐标轴上的投影

如图 2-25 所示，力 F 从 A 指向 B。在力 F 的作用平面内取直角坐标系 xOy，从力 F 的起点 A 及终点 B 分别向 x 轴和 y 轴作垂线，得交点 a、b 和 a_1、b_1，并在 x 轴和 y 轴上得线段

ab 和 a_1b_1。线段 ab 和 a_1b_1 的长度加正号或负号叫作力在 x 轴和 y 轴上的投影,分别用 X、Y 表示,即

$$X = \pm ab = \pm F\cos\alpha$$
$$Y = \pm a_1b_1 = \pm F\sin\alpha$$

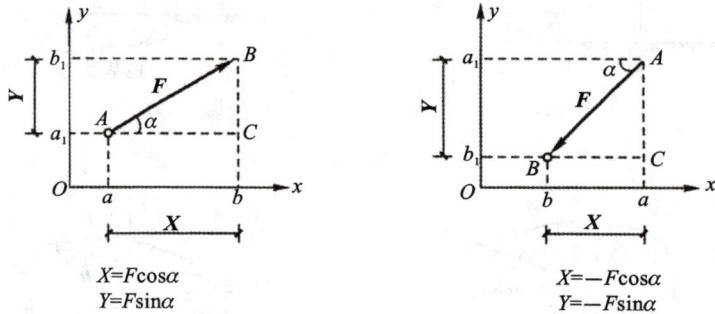

图 2-25

投影的正负号规定如下:从投影的起点 a 到终点 b 与坐标轴的正向一致时,该投影取正号;与坐标轴的正向相反时,取负号。因此,力在坐标轴上的投影是代数量。

当力与坐标轴垂直时,力在该轴上的投影为零;当力与坐标轴平行时,其投影的绝对值与该力的大小相等。

如果力 F 在坐标轴 x、y 上的投影 X、Y 已知,则由图 2-25 中的几何关系,可以确定力 F 的大小和方向:

$$\left. \begin{array}{l} F = \sqrt{X^2 + Y^2} \\ \tan\alpha = \left| \dfrac{Y}{X} \right| \end{array} \right\}$$

式中:α ——力 F 与 x 轴所夹的锐角,力 F 的具体指向由两个投影的正负确定。

例 2-6 试求图 2-26 中各力在 x、y 轴上的投影。已知 $F_1 = 100$ N,$F_2 = 150$ N,$F_3 = F_4 = 200$ N。

解:

$$X_1 = F_1\cos45° = 70.7 \text{ N}$$
$$Y_1 = F_1\sin45° = 70.7 \text{ N}$$
$$X_2 = -F_2\cos30° = -129.9 \text{ N}$$
$$Y_2 = F_2\sin30° = 75 \text{ N}$$
$$X_3 = F_3\cos60° = 100 \text{ N}$$
$$Y_3 = -F_3\sin60° = -173.2 \text{ N}$$
$$X_4 = F_4\cos90° = 0$$
$$Y_4 = -F_4\sin90° = -200 \text{ N}$$

2)合力投影定理

平面汇交力系的合力在任一坐标轴上的投影,等于它的各分力在同一坐标轴上投影的代数和,这就是合力投影定理。简单证明如下。

设在平面内作用于 O 点的力有 F_1、F_2、F_3、F_4,用力多边形法则求出其合力为 R,如图 2-27 所示。取投影轴 x,由图可见,合力 R 的投影 ae 等于各分力的投影 ab、bc、$-dc$、de 的代数

和。这一关系对任何多个汇交力都适合,即

$$R_x = X_1 + X_2 + \cdots + X_n = \sum X$$

$$R_y = Y_1 + Y_2 + \cdots + Y_n = \sum Y$$

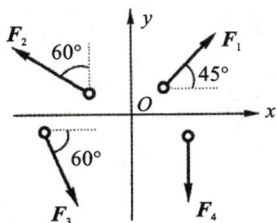

图 2-26

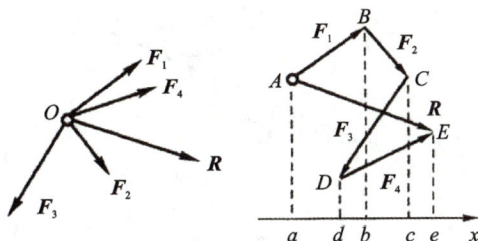

图 2-27

平面汇交力系已知时,我们可以选定直角坐标系并求出力系中各力在 x 和 y 轴上的投影,再根据合力投影定理求出合力 $\boldsymbol{R}$ 在 x 轴和 y 轴上的投影 R_x 和 R_y,即

$$\left.\begin{array}{l} R = \sqrt{R_x^2 + R_y^2} = \sqrt{\left(\sum X\right)^2 + \left(\sum Y\right)^2} \\[2mm] \tan\alpha = \left|\dfrac{R_y}{R_x}\right| = \left|\dfrac{\sum Y}{\sum X}\right| \end{array}\right\}$$

4. 平面汇交力系的平衡方程及其应用

由前述可知,平面汇交力系平衡的充分必要条件是该力系的合力等于零($R=0$),因此可得

$$\left.\begin{array}{l} \sum X = 0 \\ \sum Y = 0 \end{array}\right\}$$

上式表明,平面汇交力系平衡的解析条件是力系中各力在两个坐标轴上投影的代数和分别等于零,称为平面汇交力系的平衡方程。这是两个独立的方程,因此可以求解两个未知量。

用解析条件解平面汇交力系平衡问题的一般步骤如下:

①画出物体的受力图;

②建立平面直角坐标系,列出力系的平衡方程;

③解方程,求出未知力。

一般情况下,受力图中的未知量是约束反力。在几种常见的约束反力中,除柔体约束反力和光滑面约束反力的方向不能假设外,其他约束反力的方向通常是可以假设的。如果求出的约束反力为负值,该约束反力的实际方向与受力图中的假设方向相反。

例 2-7　如图 2-28(a)所示,圆球重 $G=100$ N,放在倾角 $\alpha=30°$ 的光滑斜面上,并用绳子系住,绳子与斜面平行。试求绳子的拉力和斜面对球的约束反力。

解:选圆球为研究对象,画圆球的受力图,如图 2-28(b)所示。

此为平面汇交力系,建立直角坐标系 xOy,列平衡方程并求解。

$\sum F_x = F_T - G\sin30° = 0$,解得 $F_T = 50$ N,方向与假设相同。

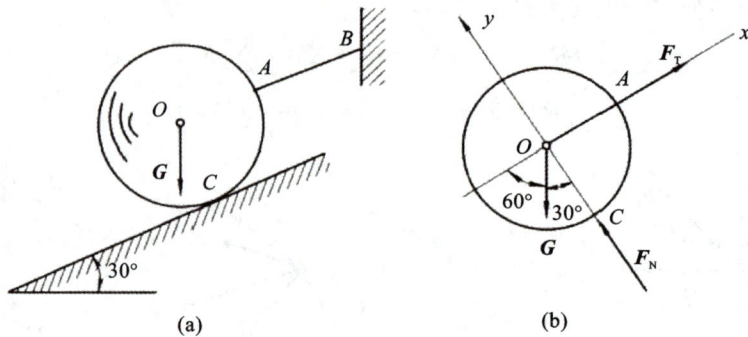

图 2-28

$\sum F_y = F_N - G\cos30° = 0$，解得 $F_N = 86.6$ N，方向与假设相同。

说明：应用平衡方程时，坐标轴可以任意选取，因此可以列出无数个平衡方程，但为简化计算，坐标轴应尽量与未知力垂直。

5. 合力矩定理

平面汇交力系的合力对平面上任一点的力矩，等于所有分力对同一点的力矩的代数和，即

$$M_O(\boldsymbol{R}) = M_O(\boldsymbol{F}_1) + M_O(\boldsymbol{F}_2) + \cdots + M_O(\boldsymbol{F}_n) = \sum M_O(\boldsymbol{F}_n)$$

合力矩定理可以用来确定物体的重心，也可以用来简化力矩的计算。例如在计算力对某点的力矩时，力臂不易求出，可以将此力分解为相互垂直的分力。如果两分力对该点的力臂已知，即可求出两分力对该点的力矩的代数和，从而求出已知力对该点的力矩。

例 2-8 如图 2-29 所示，已知 $P_1 = 2$ kN，$P_2 = 3$ kN，$P_3 = 4$ kN，求合力矩。

解：根据合力矩定理，有

$$\begin{aligned}M_O(\boldsymbol{R}) &= M_O(\boldsymbol{P}_1) + M_O(\boldsymbol{P}_2) + M_O(\boldsymbol{P}_3)\\ &= (2 \times \sin30° \times 5 + 5 \times 0 - 4 \times \sin60° \times 5)\ \text{kN·m}\\ &= -12.3\ \text{kN·m}\end{aligned}$$

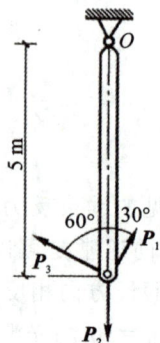

图 2-29

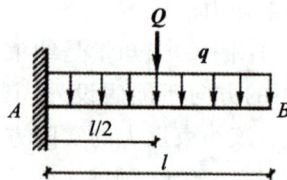

图 2-30

例 2-9 均布荷载对其作用面内任一点的力矩如图 2-30 所示，求均布荷载对 A 点的力矩。均布荷载可用其合力 $Q = ql$ 来代替，合力 Q 作用在 AB 的中点。已知 $q = 20$ kN/m，$l = 5$ m。

解:根据合力矩定理,可得

$$M_A(\textbf{R}) = -ql \times \frac{l}{2} = -\frac{ql^2}{2} = 250\ KN \cdot m$$

例 2-10　三角支架的受力情况如图 2-31 所示。已知挂在 B 点的物体的重力为 $\textbf{G}$,试求 AB、BC 两杆所受的力。

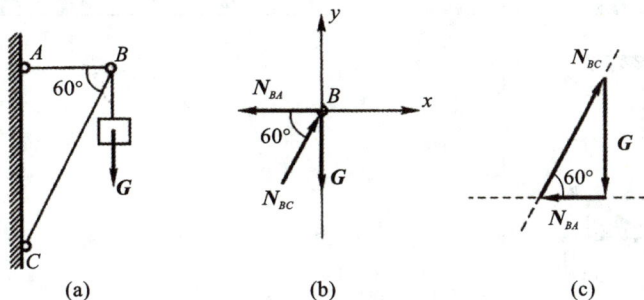

图 2-31

解一:取 B 点为研究对象,由于 AB、BC 两杆为二力杆件,B 点受已知力 $\textbf{G}$ 和未知约束反力 $\textbf{N}_{BA}$、$\textbf{N}_{BC}$ 三个力作用而处于平衡状态,如图 2-31(b)所示。因三个力作用于同一点 B,该力系为平面汇交力系,列两个投影方程即可得解。

$$\sum X = -N_{BA} + N_{BC}\cos 60° = 0$$

$$\sum Y = N_{BC}\sin 60° - G = 0$$

$$N_{BC} = \frac{G}{\sin 60°} = 1.155G$$

$$N_{BA} = N_{BC}\cos 60° = G\cot 60° = 0.577G$$

解二:此题也可应用平面汇交力系平衡的几何条件求解,即作一个封闭的力三角形并求解这个力三角形。首先按已知力 $\textbf{G}$ 的方向作出 $\textbf{G}$ 的作用线,再过 $\textbf{G}$ 的起点和终点分别作出力 $\textbf{N}_{BA}$、$\textbf{N}_{BC}$ 的作用线,最后将各力首尾相接构成封闭的力三角形(可确定 $\textbf{N}_{BA}$、$\textbf{N}_{BC}$ 的指向),如图 2-31(c)所示。

解力三角形,可得

$$N_{BC} = \frac{G}{\sin 60°} = 1.155G$$

$$N_{BA} = G\cot 60° = 0.577G$$

学习任务 2 工作页

班级		姓名		学号	
任务描述				预期目标	
任务名称	平面汇交力系合成与分解			知识目标:掌握平面力系的概念和分类;掌握平面汇交力系的几何法;掌握力的投影定理;掌握合力矩定理;理解并使用相关知识点解决工程实际问题。	
任务编号	2				
				能力目标:掌握平面汇交力系的简化;掌握实际工程中的平面汇交力系,理解并使用相关知识点解决工程实际问题	
知识类型	认知型				

续表

知识认知
1 m长挡土墙所受土压力的合力为 R，$R=150$ kN，与水平面的夹角为30°。试求土压力 R 使墙倾覆的力矩

图片	用合力矩定理求解

学习效果评价反馈		
学生自评	1.能识别平面力系的类别 □ 2.能掌握平面力系的简化方法 □ 3.能利用合力矩定理解决工程实际问题 □ （根据本人实际情况填写：A.会；B.基本会；C.不会）	
学习小组评价	团队合作□ 工作效率□ 交流沟通能力□ 获取信息能力□ 写作能力□ 表达能力□ （根据小组完成任务情况填写：A.优秀；B.良好；C.合格；D.有待改进）	
教师评价		
个人总结与反思		

思考题

1. 平面汇交力系的概念是什么？
2. 平面汇交力系怎样分类？
3. 什么是平面汇交力系合成和平衡的几何法？
4. 什么是平面汇交力系合成和平衡的解析法？
5. 简述合力矩定理。

课后习题

一、填空题

1. 从力矢量的两端向_____作_____,两垂足在坐标轴上截的长度称为力在坐标轴上的投影;力的投影是_____量,有正负之分。

2. 过力 F 矢量的两端向直角坐标轴作平行线构成矩形,则力 F 是矩形的_____,矩形的_____是力 F 的两个正交分力 F_x、F_y。

3. 已知一个力的两个投影 F_x、F_y,则这个力的大小 $F=$_____,方向角 $\alpha=$_____。(α 为力 F 的作用线与 x 轴所夹的锐角。)

4. 一个平面汇交力系的合力 F_R 在坐标轴上的投影等于_____在坐标轴上投影的_____,即 $F_{Rx}=$_____,$F_{Ry}=$_____。

5. 已知合力 F_R 的投影 $F_{Rx}=\sum F_x$,$F_{Ry}=\sum F_y$,则合力的大小 $F_R=$_____,合力的方向角 $\alpha=$_____。

二、判断题

1. 两个力在同一轴上的投影相等,这两力一定相等。　　　　　　　　　　（　　）

2. 合力一定比力系的分力大。　　　　　　　　　　　　　　　　　　　（　　）

3. 如果一个力在某轴上的正交分力与坐标轴的指向相同,这个力在该轴的投影就为正。

　　　　　　　　　　　　　　　　　　　　　　　　　　　　　　　　（　　）

三、作图题

1. 白炽灯的受力情况如图 2-32(a)所示,画悬线交点 B 的受力图。托架的受力情况如图 2-32(b)所示,铰 A 处受重力 G 作用,画销钉 A 的受力图。

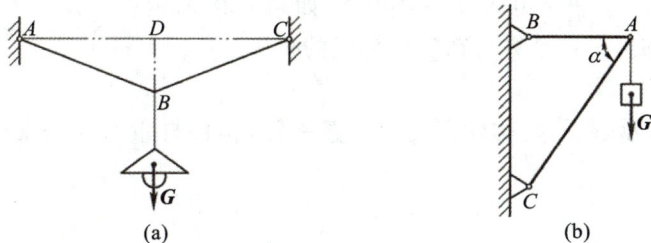

(a)　　　　　　　　　　　　　　(b)

图 2-32

2. 图 2-33 所示为夹具增力机构,画 A 点、B 点的受力图。

3. 图 2-34 所示为铰接的四连杆,B 点的作用力为 F_B,C 点的作用力为 F_C,画 B 点、C 点的受力图。

四、计算题

1. 如图 2-35 所示,轮缘所受的力为 P。将 P 等效地平移到其转轴 O 处并写出结果。

2. 已知 $F_1=50$ N,$F_2=60$ N,$F_3=90$ N,$F_4=80$ N,如图 2-36 所示。分别求各力在 x 轴和 y 轴上的投影。

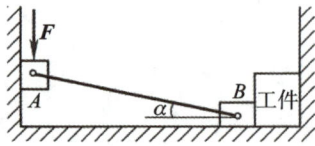

图 2-33

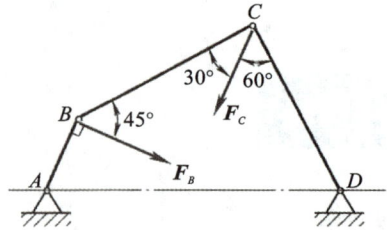

图 2-34

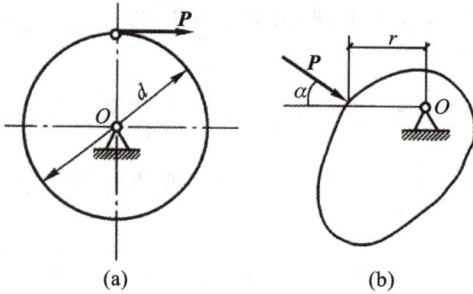

图 2-35

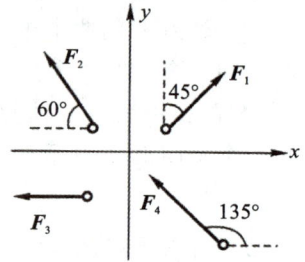

图 2-36

3.悬臂梁受力情况及结构尺寸如图 2-37 所示。求梁上均布荷载 q 对 A 点的力矩。

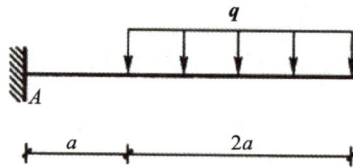

图 2-37

4.已知 $F_1=F_2=F_3=200$ N,$F_4=100$ N,如图 2-38 所示。

(1)选取适当的坐标系计算力在坐标轴上的投影。

(2)求该力系的合力。

5.如图 2-39 所示,起吊时构件在图示位置平衡,构件自重 $G=30$ kN。求钢索 AB、AC 的拉力。

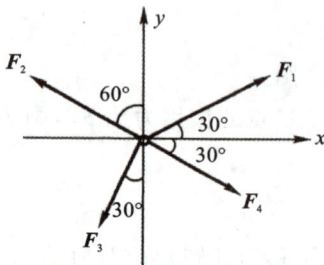

图 2-38

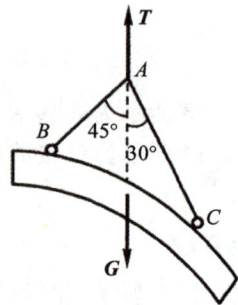

图 2-39

6.已知 $P=10$ kN，A、B、C 三处都是铰接，杆自重不计。求图 2-40 所示三角支架各杆所受的力。

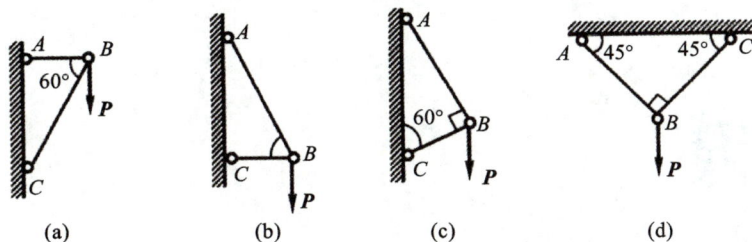

(a)　　　(b)　　　(c)　　　(d)

图 2-40

7.如图 2-41 所示，重力为 G 的球用绳子系在墙壁上，$\alpha=30°$。求球所受的约束反力。

8.如图 2-42 所示，杆 AB 和杆 AC 铰接于点 A，A 点处挂一重力为 G 的物体。求杆 AB、杆 AC 所受力的大小。

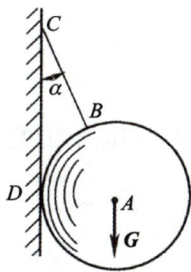

图 2-41

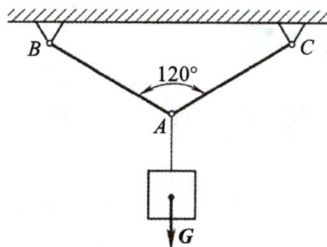

图 2-42

学习任务 3　平面任意力系的简化

学习目标

1.能叙述梁的计算简图的基本形式。
2.会计算合力偶矩。
3.能利用平面任意力系的平衡条件对工程结构件进行受力分析与计算。

任务描述

外伸梁的受力情况如图 2-43 所示。已知 $P=30$ kN，试求 A、B 支座的约束反力。

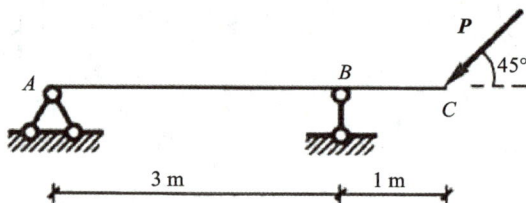

图 2-43

学习引导

本学习任务的脉络如图 2-44 所示。

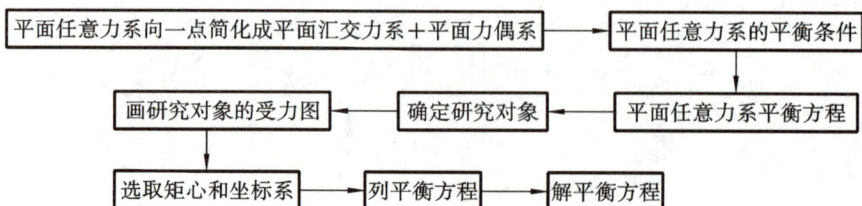

图 2-44

相关知识

1. 平面任意力系的概念

力系中各力的作用线都在同一平面内,它们既不汇交于一点,也不全部平行,此力系称为平面任意力系。图 2-45 所示的起重支架、图 2-46(a)和图 2-46(b)所示的矿车、图 2-46(c)所示的曲柄滑块机构等所受各力都在同一平面内或对称于某一平面。这些均是物体受平面任意力系作用的实例。

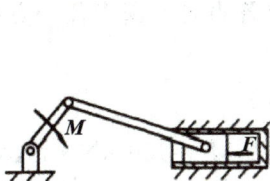

图 2-45

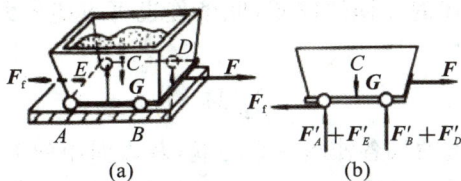

图 2-46

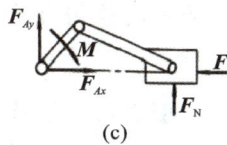

2. 平面力偶系的合成与平衡

作用在刚体上同一平面内的几个力偶称为平面力偶系。利用力偶的性质,我们可以很容易地解决平面力偶系的合成和平衡的问题。

1)平面力偶系的合成

如图 2-47 所示,设在物体的同一平面上有两个力偶 M_1 和 M_2 作用,其力偶矩分别为 $M_1 = F_1 d$,$M_2 = -F_2 d$,求其合成结果。在两个力偶的作用面内,任取一线段 $AB = d$,可将原力偶变换为两个等效力偶(F_1, F_1')和(F_2, F_2')。显然,F_1、F_2 的大小分别为

$$F_1 = \frac{M_1}{d}, F_2 = -\frac{M_2}{d}$$

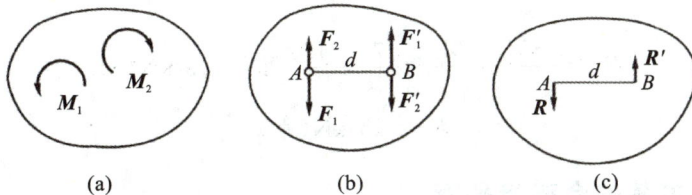

图 2-47

将 F_1'、F_2' 和 F_1、F_2 分别合成,则有

$$R = F_1 - F_2, R' = F_1' - F_2'$$

R 与 R' 等值、反向且平行,组成一个新力偶。此新力偶即为原来的两个力偶的合力偶,合力偶矩用 M 表示,其力偶矩为

$$M = Rd = (F_1 - F_2)d = M_1 + M_2$$

若同一平面内有 n 个力偶,则其合力偶矩应为

$$M = M_1 + M_2 + \cdots + M_n = \sum M$$

也就是说,平面力偶系的合成结果为一个合力偶,合力偶矩等于各分力偶矩的代数和,也等于组成力偶系的各力对平面中任一点的力矩的代数和,即

$$M = \sum M_O(\boldsymbol{F}_n)$$

2)平面力偶系的平衡条件

当合力偶矩等于零时,力偶系中各力偶对物体的转动效应相互抵消,物体处于平衡状态。因此,平面力偶系的平衡条件为

$$\sum M = 0$$

平面力偶系平衡的充分必要条件是力偶系中各力偶的力偶矩的代数和等于零。考虑到模块 2 学习任务 1 所述的力偶的性质,此条件也可表述为力偶系中各力对平面内任一点的力矩的代数和为零,即

$$\sum M_O(\boldsymbol{F}_n) = 0$$

例 2-11 梁 AB 的两端各作用一个力偶,其力偶矩的大小分别为 $M_1 = 150\ \text{kN} \cdot \text{m}$,$M_2 = -275\ \text{kN} \cdot \text{m}$,力偶转向如图 2-48 所示。梁长 $l = 5\ \text{m}$,重力不计。试求 A、B 的支座反力。

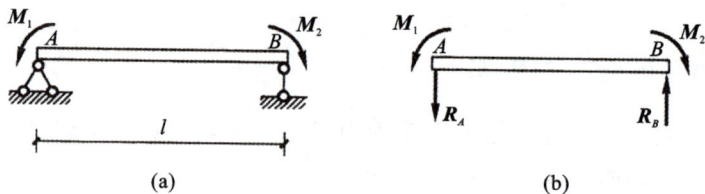

图 2-48

解:根据力偶只能用力偶平衡的特性,可知反力 $\boldsymbol{R}_A$、$\boldsymbol{R}_B$ 必组成一个力偶,假设的指向如图 2-48(b)所示。

由平面力偶系的平衡条件得

$$\sum M = M_1 + M_2 + R_A l = 0$$

解方程得

$$R_A = \frac{-M_2 - M_1}{l} = \frac{275 - 150}{5}\ \text{kN} = 25\ \text{kN}(\downarrow)$$

$$R_B = 25\ \text{kN}(\uparrow)$$

3. 平面任意力系的合成与平衡

我们知道,一般情况下总可根据平行四边形法则将有 n 个力的平面任意力系依次合成为一个力,但当合成过程中出现前面 $n-1$ 个力的合力与第 n 个力大小相等、方向相反且作用线不共线时,这一对力就构成了一个力偶。所以,平面任意力系的合成结果可能是一个力,也可能是一个力偶。这种合成方法只是在理论上是可行的,实际应用起来非常不方便:其一,当力较多时太烦琐;其二,当二力的作用线接近平行时,由于交点在较远处,难以作出其合力。因此,必须采用一种较为简便且更具有普遍性的方法,即将平面任意力系向已知点

简化的方法。这个方法的理论依据就是力的平移定理。

1)力的平移定理

如图 2-49(a)所示,刚体的 A 点作用一个力 F,O 点为刚体上的任一指定点。现在讨论如何将作用于 A 点的力 F 平行移动到 O 点,而不改变其原来的作用效果。

根据加减平衡力系公理,我们在 O 点加上大小相等、方向相反且与力 F 平行的一对平衡力 F' 和 F'',如图 2-49(b)所示。

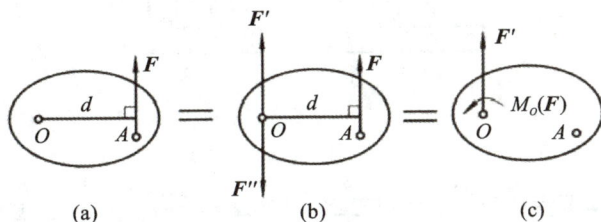

图 2-49

显然,F'' 和 F 组成一个力偶,称为附加力偶,其力偶臂为 d。于是作用于 A 点的力 F 可以用作用于 O 点的力 F' 及附加力偶(F,F'')代替,如图 2-46(c)所示。其中附加力偶矩为 $M = \pm Fd = M_O(F)$。

由此可知:作用于刚体上的力均可以从原来的作用位置平行移动至刚体内任一指定点。欲不改变该力对刚体的作用效应,必须在该力与指定点所决定的平面内附加一个力偶,其力偶矩等于原力对指定点之矩。这就是力的平移定理。

说明:

①该定理指出了力和力偶的关系,即一个力可以等效为一个力加一个力偶,或者说一个力可以分解为作用在同一平面内的一个力和一个力偶。

②该定理的逆定理也成立,即同一平面内的一个力和一个力偶可以合成一个合力。这一点可以通过力的平移定理证明,这里不再赘述。

③力的平移定理是力系向一点简化的理论基础。

2)力的平移定理的应用

根据力的平移定理,我们可以分析和解决工程实际中的力学问题。

应用一:如图 2-50(a)所示,厂房柱子受偏心荷载 F 的作用。为观察 F 的作用效应,可将力 F 等效为通过柱的轴线的力 F' 与力偶矩为 M 的力偶,如图 2-50(b)所示。轴向力 F' 使柱子压缩,力偶使柱子弯曲。

应用二:用丝锥攻丝时,若仅用一只手加力[图 2-51(a)],即只在 B 点有作用力 F,虽然扳手也能转动,但容易使丝锥折断。根据力的平移定理,将作用于扳手 B 点的力 F 平行移动到丝锥中心 O 点时,须附加一个力偶($M = Fd$),如图 2-51(b)所示。这个力偶可使丝锥转动,这个力是使丝锥折断的主要原因。思考:为什么用两只手握扳手,而且用力相等时,就不会出现折断的现象?

应用三:固定端约束的约束反力。

工程实际中把使物体的一端既不能移动,又不能转动的约束称为固定端约束,它是工程中较为常见的一种约束。如图 2-52 所示,插入刚性墙内的阳台挑梁、固定在车床卡盘上的车刀、夹紧在卡盘上的工件等,都是物体受到固定端约束的实例。

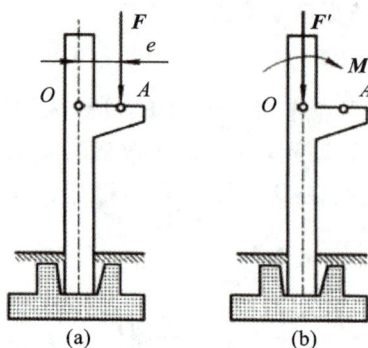

图 2-50

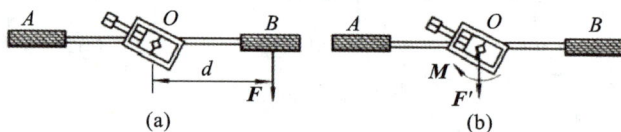

图 2-51

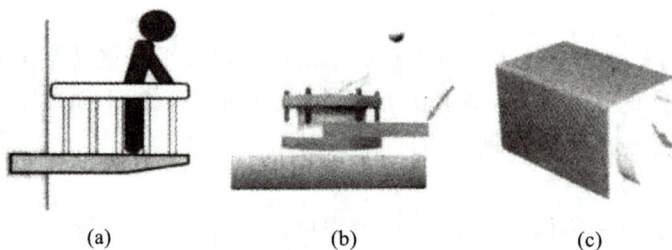

图 2-52

固定端约束处的实际约束反力比较复杂,进行受力分析时要根据力的平移定理,求得这些力对约束处的简化结果。固定端约束可以阻止被约束物体移动和转动,两个正交分力表示限制构件的移动的约束作用,一个约束力偶表示限制构件转动的约束作用,如图 2-53 所示。

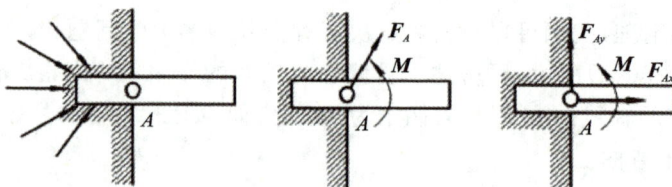

图 2-53

4. 平面任意力系的简化

1)平面任意力系向一点简化

应用力的平移定理,可将刚体上平面一般力系中各力的作用线全部平行移动到力系作用面内某一给定点 O,从而使该力系分解为一个平面汇交力系和一个平面力偶系。这种等效变换的方法,称为力系向任一点的简化,点 O 称为简化中心。

设刚体上作用一个平面任意力系($F_1, F_2, \cdots, F_n$)，其作用点分别为 $A_1, A_2, \cdots, A_n$，如图 2-54(a)所示。在力系作用平面内任取一点 O，应用力的平移定理将各力依次向点 O 平移，得到作用于 O 点的一个平面汇交力系($F_1', F_2', \cdots, F_n'$)和一个附加力偶系。相应的附加力偶矩分别为 $M_1, M_2, \cdots, M_n$，如图 2-54(b)所示，这些附加力偶的力偶矩分别等于相应的力对 O 点的矩。这两个基本力系对刚体的作用效应与原力系($F_1, F_2 \cdots, F_n$)对刚体的作用效应是相同的。于是，原平面任意力系就被分解为两个基本力系：平面汇交力系和平面力偶系。

平面汇交力系($F_1', F_2', \cdots, F_n'$)可合成合力 R'，即

$$R' = F_1' + F_2' + \cdots + F_n'$$

因

$$F_1' = F_1, F_2' = F_2, \cdots, F_n' = F_n$$

所以

$$R' = F_1 + F_2 + \cdots + F_n = \sum F_i$$

由附加力偶组成的平面力偶系($M_1, M_2, \cdots, M_n$)可以合成一个力偶 M_O，如图 2-54(c)所示。这个力偶的力偶矩等于各附加力偶矩的代数和，也就是等于原力系中各力对简化中心 O 点之矩的代数和，即

$$M_O = M_1 + M_2 + \cdots + M_n = M_O(F_1) + M_O(F_2) + \cdots + M_O(F_n) = \sum M_O(F_n)$$

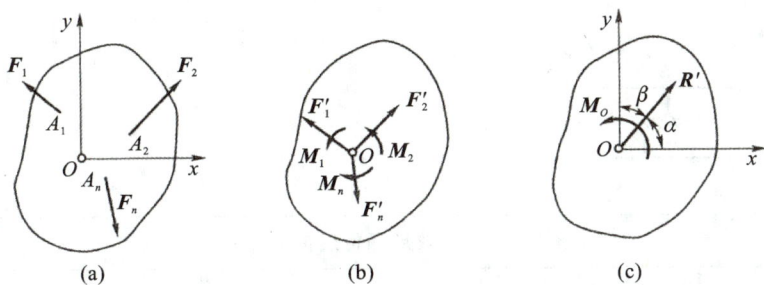

图 2-54

2)平面任意力系向一点简化归纳

平面任意力系向一点简化的一般结果是一个力和一个力偶。力 R' 等于原力系中各力的矢量和，称为原力系的主矢；力偶矩 M_O 等于原力系中各力对简化中心之矩的代数和，称为原力系的主矩。

可以看出，力系主矢的大小和方向都与简化中心的位置无关，而主矩的大小一般与简化中心的位置有关。这是因为力系中各力对不同的简化中心之矩的代数和是不相等的。因此，当提到主矩时，必须用下标 O 指明简化中心。

主矢可用解析法来计算。

主矢的大小为

$$R' = \sqrt{R_x^2 + R_y^2} = \sqrt{\left(\sum X\right)^2 + \left(\sum Y\right)^2}$$

方向为

$$\tan\alpha = \left| \frac{\sum Y}{\sum X} \right|$$

主矩为

$$M_O = \sum M_O(\boldsymbol{F}_n)$$

学习任务 3 工作页

班级		姓名		学号	

任务描述		预期目标
任务名称	平面任意力系的简化	知识目标:理解并掌握平面任意力系的概念;掌握平面任意力系的平衡条件;掌握合力偶的概念。
任务编号	3	能力目标:能利用平衡方程解决未知力的计算问题。
知识类型	认知型	素质目标:能利用平面任意力系的平衡条件对工程结构进行受力分析与计算

知识认知
作用在外伸梁上的力 $P = 30$ kN,试求 A、B 支座的约束反力

图片	分析梁的受力简化和平衡方程
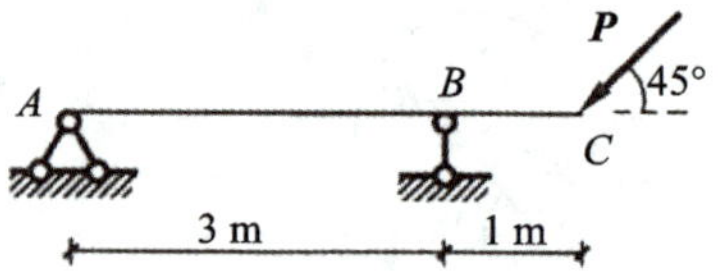	

学习效果评价反馈	
学生自评	1.能掌握平面任意力系的简化图　　　　　　　　　□ 2.能分析平面任意力系的平衡方程　　　　　　　　□ 3.能利用平面任意力系的平衡条件对工程结构进行受力分析与计算　□ (根据本人实际情况填写:A. 会;B. 基本会;C. 不会)
学习小组评价	团队合作□　工作效率□　交流沟通能力□　获取信息能力□　写作能力□　表达能力□ (根据小组完成任务情况填写:A. 优秀;B. 良好;C. 合格;D. 有待改进)
教师评价	
个人总结与反思	

思考题

1. 举出工程实际中的平面力系的例子。
2. 平面任意力系可以简化为哪两个部分?
3. 简述利用平衡方程解决未知力的计算步骤。

课后习题

一、填空题

1. 平面任意力系向平面内任一点简化得到一个主矢和一个主矩。主矢的大小 $F'_R =$ _____,作用点在_____上;主矩的大小 $M_R =$ _____,作用在_____上。

2. 主矢的大小和方向与简化中心的选取_____,主矩的大小与简化中心的选取_____。

3. 平面任意力系的平衡条件是_____,_____。

4. 列平衡方程时,为便于解题,通常把坐标轴选在与_____的方向上;把矩心选在_____的作用点上。

二、选择题

如图 2-55 所示,物体平面上 A、B、C 三点构成一个等边三角形,三点各作用一个力 $\boldsymbol{F}$。

1. 该平面力系的简化结果表明该力系是(　　)。

A. 平面汇交力系　　　　　　　B. 平面力偶系

C. 平面平行力系　　　　　　　D. 平面任意力系

2. 该力系向 A 点简化得到(　　);该力系向 B 点简化得到(　　)。

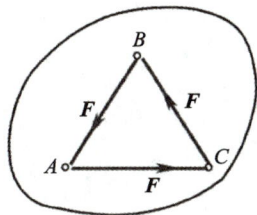

A. $F'_R = 0$;$M_R = 0$　　　　　B. $F'_R = 0$;$M_R \neq 0$

C. $F'_R \neq 0$;$M_R = 0$　　　　　D. $F'_R \neq 0$;$M_R \neq 0$

图 2-55

三、判断题

1. 用平衡方程解出未知力为负值表明该力的真实方向与受力图上力的方向相反。

(　　)

2. 用平衡方程解出未知力为负值表明该力在坐标轴上的投影一定为负值。　(　　)

3. 一个平面任意力系的平衡方程只能列出三个。　　　　　　　　　　　(　　)

4. 一个平面任意力系只能列一组三个独立的平衡方程,解出三个未知数。　(　　)

四、计算题

1. 画出图 2-56 中杆 AB 的受力图并求出约束反力。已知作用力为 $\boldsymbol{F}$、集中力偶为 $\boldsymbol{M} = Fa$。

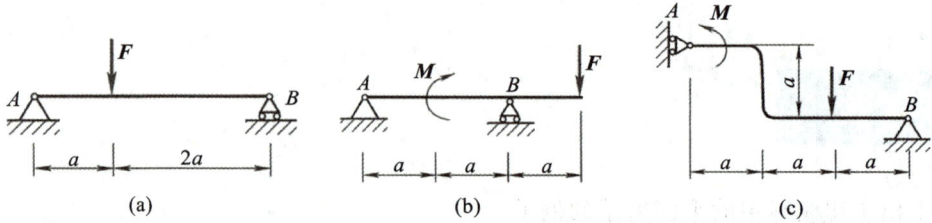

图 2-56

2.求图 2-57 所示托架中杆 AB 所受的约束反力。

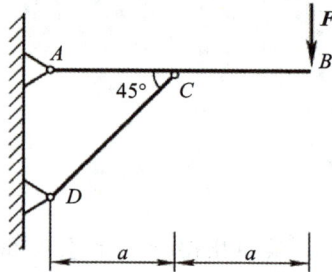

图 2-57

3.如图 2-58 所示,起重机的重量 $G=500$ kN,最大起重荷载 $F_{max}=250$ kN。已知 $a=6$ m,$b=3$ m,$e=1.5$ m,$l=10$ m。要使起重机满载时不向右倾倒、空载时不向左倾倒,试确定平衡锤重量 P 的取值范围。

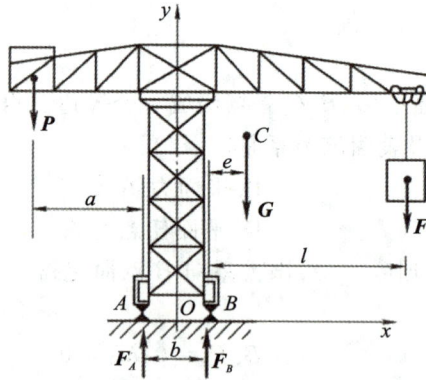

图 2-58

4 求图 2-59 所示各梁的支座反力。

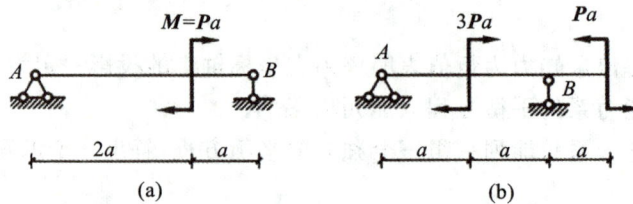

图 2-59

5.已知 $P_1=10$ kN,$P_2=20$ kN,求图 2-60 所示刚架的 A 点、B 点的支座反力。

6.悬臂刚架的结构尺寸及受力情况如图 2-61 所示。已知 $q=4$ kN/m,$M=10$ kN·m,试求固定端支座 A 的反力。

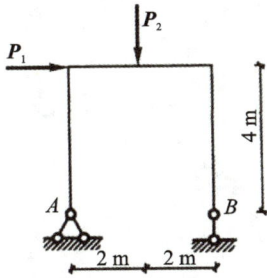

图 2-60

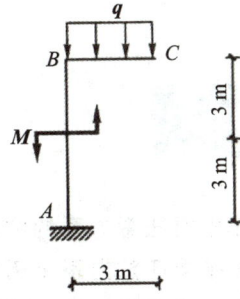

图 2-61

7.求图 2-62 所示各梁的支座反力。

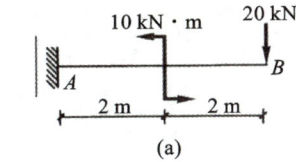

(a)

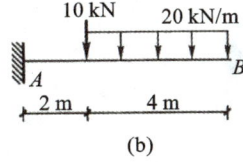

(b)

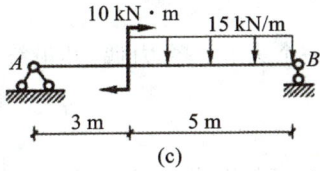

(c)

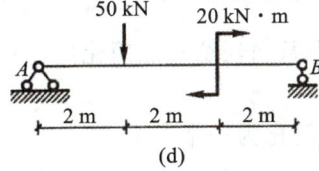

(d)

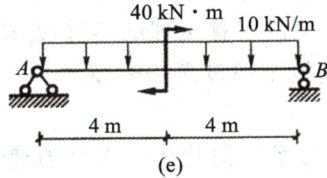

(e)

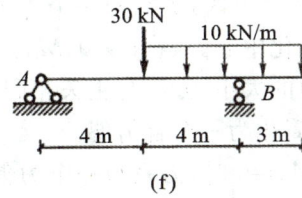

(f)

图 2-62

8.求图 2-63 所示各组合梁的支座反力。

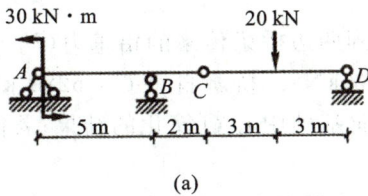

(a)

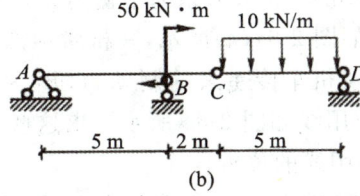

(b)

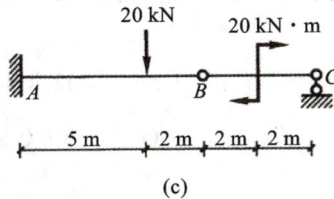

(c)

图 2-63

学习任务 4　平面任意力系的平衡方程及其应用

1. 能叙述平面任意力系的解题步骤。
2. 能掌握平面任意力系平衡方程的三种形式。
3. 能利用平面任意力系的平衡方程对工程结构进行受力分析与计算。

1. 平面任意力系的简化结果分析

平面任意力系向任意一点简化后,一般可得到一个力和一个力偶,其最终结果为以下三种情况。

(1)力系可简化为一个合力。

当 $R' \neq 0$、$M_O = 0$ 时,力系与一个力等效,即力系可简化为一个合力;合力等于主矢,合力作用线通过简化中心。当 $R' \neq 0$、$M_O \neq 0$ 时,根据力的平移定理的逆过程,$\boldsymbol{R}'$ 和 $\boldsymbol{M}_O$ 简化为一个合力。合力的大小、方向与主矢相同,合力作用线不通过简化中心。

(2)力系可简化为一个合力偶。

当 $R' = 0$、$M_O \neq 0$ 时,力系与一个力偶等效,即力系可简化为一个合力偶。合力偶矩等于主矩。此时,主矩与简化中心的位置无关。

(3)力系处于平衡状态。

当 $R' = 0$、$M_O = 0$ 时,力系为平衡力系。

例 2-12　如图 2-64(a)所示,一桥墩顶部受到两边桥梁传来的铅垂力($F_1 = 1940$ kN,$F_2 = 800$ kN),以及机车传递来的制动力($F_H = 193$ kN)。桥墩自重 $G = 5280$ kN,风力 $F_w = 140$ kN,各力作用线如图 2-64 所示。求这些力向基础中心 O 简化的结果;若能简化为一个合力,求合力作用线的位置。

解:以桥墩基础中心 O 为简化中心,以 O 点为原点取直角坐标系 xOy,如图 2-64(b)所示。主矢的投影为

$$\sum X = -F_H - F_w = -333 \text{ kN}$$

$$\sum Y = -F_1 - F_2 - G = -8020 \text{ kN}$$

主矢的大小为

$$R' = \sqrt{R_x^2 + R_y^2} = \sqrt{\left(\sum X\right)^2 + \left(\sum Y\right)^2} = 8027 \text{ kN}$$

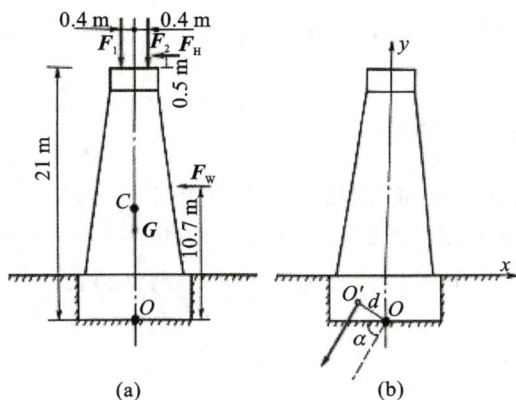

图 2-64

主矢的方向为

$$\tan\alpha = \left|\frac{\sum Y}{\sum X}\right| = \left|\frac{-8020}{-333}\right| = 24.084$$

$$\alpha = 87°37'$$

因为 $\sum X$ 和 $\sum Y$ 均为负值，R' 应在第三象限。

力系对 O 点的主矩为

$$M_O = \sum M_O(\boldsymbol{F}_n) = F_1 \times 0.4 \text{ m} - F_2 \times 0.4 \text{ m} + F_H \times 21.5 \text{ m} + F_w \times 10.7 \text{ m} = 6103.5 \text{ kN} \cdot \text{m}$$

因为 $R' \neq 0$、$M_O \neq 0$，此力系简化的结果是一个合力 $\boldsymbol{R}$，它的大小和方向与主矢相同，作用线位置可由力的平移定理推出，得

$$d = \frac{|M_O|}{R'} = 0.76 \text{ m}$$

因为主矩为正值（逆时针转动），合力 $\boldsymbol{R}$ 在简化中心的左边的 O' 点处，如图 2-59（c）所示。

合力 $\boldsymbol{R}$ 全部由基础承受，可根据此合力进行基础强度校核，并进一步研究基础的沉降和桥墩的稳定问题。

2. 简化结果的讨论

平面任意力系的简化总结见表 2-3。

表 2-3

情况分类	向 O 点简化的结果		力系简化的最终结果（与简化中心无关）
	主矢	主矩	
1	$R' = 0$	$M_O = 0$	平衡状态（力系不使物体移动和转动）
2	$R' = 0$	$M_O \neq 0$	一个力偶（合力偶），力偶矩为 M_O
3	$R' \neq 0$	$M_O = 0$	一个力（合力），大小、方向与主矢相同，作用线过 O 点
4	$R' \neq 0$	$M_O \neq 0$	一个力（合力），其大小与主矢大小相同，作用线到 O 点的距离为 $d = \dfrac{\|M_O\|}{R'}$，作用在 O 点的哪一边由 M_O 的符号决定

由表可见,平面一般力系简化的最终结果,只有三种可能:①合成一个力;②合成一个力偶;③为平衡力系。

3. 平面任意力系的平衡方程

如果平面任意力系向任一点简化后的主矢和主矩都为零,则该力系为平衡力系。反之,要使平面任意力系平衡,主矢和主矩都必须为零。即使主矢和主矩之中只有一个不为零,力系也不是平衡力系。由此可知,平面任意力系平衡的充分必要条件是力系的主矢和力系对任一点的主矩都为零,即

$$R' = 0$$
$$M_O = 0$$

上两式可表示为以下代数方程:

$$\left. \begin{array}{l} \sum X = 0 \\ \sum Y = 0 \\ \sum M_O(\boldsymbol{F}_n) = 0 \end{array} \right\}$$

上式称为平面任意力系的平衡方程。可见,平面任意力系的平衡条件是力系中各力在两个坐标轴上的投影的代数和都等于零,各力对力系所在平面内任一点的力矩的代数和也等于零。

当 $\sum X = 0$ 且 $\sum Y = 0$ 时,物体不能沿 x 轴和 y 轴移动;当 $\sum M_O(\boldsymbol{F}_n) = 0$ 时,物体不能绕任意点转动。这样的物体处于平衡状态。平面任意力系的平衡方程包含三个独立的方程:前两个是投影方程,第三个是力矩方程。因此,利用平面任意力系的平衡方程可以求解不超过三个未知力的平衡问题。

4. 平面任意力系的平衡方程的应用

平面任意力系有几种特殊形式。

(1)基本形式。平面汇交力系中各力的作用线在同一平面内且交于一点。对于平面汇交力系,力矩方程自然满足,因此其平衡方程为

$$\left. \begin{array}{l} \sum X = 0 \\ \sum Y = 0 \end{array} \right\}$$

平面汇交力系只有两个独立的平衡方程,只能求解两个未知量。

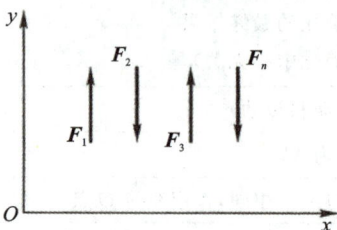

图 2-65

(2)二矩式。平面平行力系中各力的作用线在同一平面内且互相平行。对于平面平行力系,必有一个投影方程自然满足。如图 2-65 所示,设力系中各力的作用线垂直 x 轴,则 $\sum X = 0$,因此其平衡方程为

$$\left. \begin{array}{l} \sum Y = 0 \\ \sum M_O = 0 \end{array} \right\}$$

二矩式为

$$\left. \begin{array}{l} \sum M_A = 0 \\ \sum M_B = 0 \end{array} \right\}$$

三矩式为

$$\left. \begin{array}{l} \sum M_A = 0 \\ \sum M_B = 0 \\ \sum M_C = 0 \end{array} \right\}$$

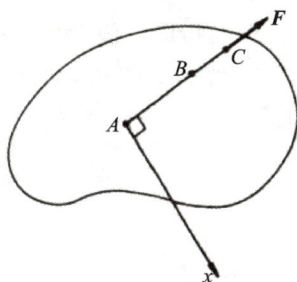

图 2-66

附加条件：A、B、C 三点不在一条直线上。

二矩式的平衡方程是物体平衡的必要条件，但不是充分条件。这个结论可通过物体仅受一个力作用的不平衡现象说明。图 2-66 所示物体只受一个力 F 的作用，若取力的作用线上的 A、B 两点为矩心，取投影轴 x 垂直于力，则二矩式成立。

5. 平面任意力系平衡方程的解题步骤

(1)选取研究对象。根据已知量和待求量，选择适当的研究对象。

(2)画研究对象的受力图。将作用于研究对象上的所有的力画出来。

(3)列平衡方程。选择适当的投影轴和矩心，列平衡方程。

(4)解方程，求解未知力。

在列平衡方程时，为使计算简单，选取坐标系时应尽可能使力系中多数未知力的作用线平行或垂直投影轴，将矩心选在两个（或两个以上）未知力的交点上；尽可能多用力矩方程并使一个方程只包含一个未知数。注意，对于同一个平面力系来说，最多只能列出三个平衡方程，只能解三个未知量。

例 2-13　外伸梁的受力情况如图 2-67(a)所示。已知 $P=30$ kN，试求 A、B 支座的约束反力。

解：以外伸梁为研究对象，画出其受力图并选取坐标轴，如图 2-67(b)所示。

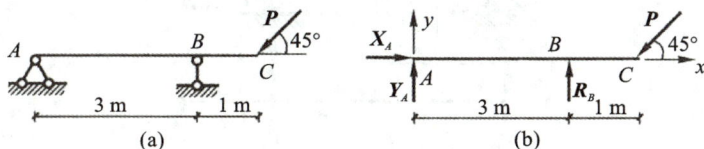

图 2-67

作用在外伸梁上的有已知力 P，未知力 X_A、Y_A 和 R_B。支座反力的指向是假定的。以上四个力组成平面任意力系，可列出三个独立的平衡方程来求解三个未知力。

$$\sum M = R_B \times 3 - P\sin 45° \times 4 = 0$$

$$R_B = \frac{4}{3} \times P\sin 45° = 28.3 \text{ kN}(\uparrow)$$

$$\sum X = X_A - P\cos 45° = 0$$

$$X_A = P\cos 45° = 21.2 \text{ kN}(\rightarrow)$$

$$\sum Y = Y_A - P\sin45° + R_B = 0$$

$$Y_A = P\sin45° - R_B = -7.1 \text{ kN}(\downarrow)$$

计算结果为正,说明支座反力的假设方向与实际指向一致;计算结果为负,说明支座反力的假设方向与实际指向相反。答案后面的括号内标注了支座反力的实际指向。例 2-13 中,R_B、X_A 的指向与假设方向相同,Y_A 的指向与假设方向相反。

讨论:解例 2-13 时,如果写出对 A、B 两点的力矩方程和对 x 轴的投影方程,同样可以求解,即

$$\sum X = X_A - P\cos45° = 0$$

$$\sum M_A = R_B \times 3 - P\sin45° \times 4 = 0$$

$$\sum M_B = -Y_A \times 3 - P\sin45° \times 1 = 0$$

解方程得

$$X_A = 21.2 \text{ kN}(\rightarrow)$$

$$Y_A = -7.1 \text{ kN}(\downarrow)$$

$$R_B = 28.3 \text{ kN}(\uparrow)$$

由讨论结果可知,平面力系的平衡方程除了基本形式,还有二矩式,其形式如下:

$$\left. \begin{array}{l} \sum X = 0(\text{或} \sum Y = 0) \\ \sum M_A = 0 \\ \sum M_B = 0 \end{array} \right\}$$

其中,A、B 两点的连线不能与 x 轴(或 y 轴)垂直。

例 2-14 外伸梁受力情况如图 2-68 所示。已知 $q=5$ kN/m,$M=20$ kN·m,$l=10$ m,$a=2$ m,求 A、B 两点的支座反力。

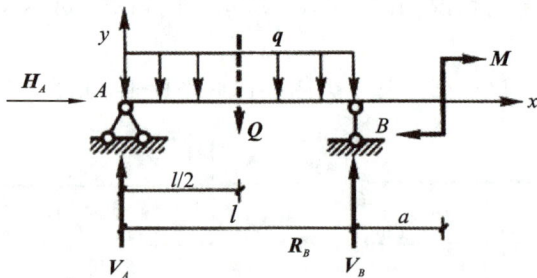

图 2-68

解:均布荷载用合力 $Q=ql$ 代替,Q 作用在 $l/2$ 处。因为只有一个受力物体,可直接将约束反力标出,无须单独画出研究对象的受力图。外力 Q、M 已知,约束反力 H_A、V_A、V_B 的指向是假设的。力偶在任一轴上的投影均为零,因此力偶在投影方程中不出现。力偶对平面内任一点之矩等于力偶矩(与矩心位置无关),因此,可以在力矩方程中直接将力偶矩列入。

$$\sum M_A = V_B l - Q \times \frac{l}{2} - M = 0$$

$$V_B = \frac{ql^2/2 + M}{l} = 27 \text{ kN}(\uparrow)$$

$$\sum X = H_A = 0$$

$$\sum Y = V_A + V_B - ql = 0$$

$$V_A = ql - V_B = 23 \text{ kN}(\uparrow)$$

注意:在工程上通常将水平反力用大写字母 H 表示,将竖向反力用大写字母 V 表示,下标表示力的作用点。

梁受竖向荷载作用时,只有竖向反力,水平反力恒为零。

讨论:力系中各力的作用线在同一平面内且互相平行,力系是平面平行力系(根据力偶的等效性,力偶 M 可以在其作用平面内任意移转)。

例 2-14 也可用平衡方程的二矩式求解:

$$\left.\begin{array}{c}\sum M_A = 0 \\ \sum M_B = 0\end{array}\right\}$$

如果写出对 A、B 两点的力矩方程,即

$$\sum M_A = V_B l - Q \times \frac{l}{2} - M = 0$$

$$\sum M_B = -V_A l - M + Q \times \frac{l}{2} = 0$$

也能得到

$$V_B = \frac{ql^2/2 + M}{l} = 27 \text{ kN}(\uparrow)$$

$$V_A = \frac{ql^2/2 - M}{l} = 23 \text{ kN}(\uparrow)$$

例 2-15　悬臂梁受力情况如图 2-69 所示。已知 $P = 10 \text{ kN}, q = 2 \text{ kN/m}, M = 15 \text{ kN·m}, l = 4 \text{ m}$,试求 A 端的支座反力。

解: 因为悬臂梁所受外力都是竖向力,A 端的水平反力恒为零,只需列出两个平衡方程即可求解。

$$\sum M_A = M_A - \frac{ql}{2} \times \frac{l}{4} - P \times \frac{l}{2} + M = 0$$

$$M_A = \frac{ql}{2} \times \frac{l}{4} + P \times \frac{l}{2} - M = 9 \text{ kN·m}(逆时针)$$

$$\sum Y = V_A - \frac{ql}{2} - P = 0$$

$$V_A = \frac{ql}{2} + P = 14 \text{ kN}(\uparrow)$$

例 2-16　悬臂刚架受力情况如图 2-70 所示。已知 $M = 15 \text{ kN·m}, P = 25 \text{ kN}$,求 A 端的支座反力。

解: A 端为固定端约束,有三个未知的约束反力,列三个平衡方程即可求解。

$$\sum X = H_A + P = 0$$

$$H_A = -P = -25 \text{ kN}(\leftarrow)$$

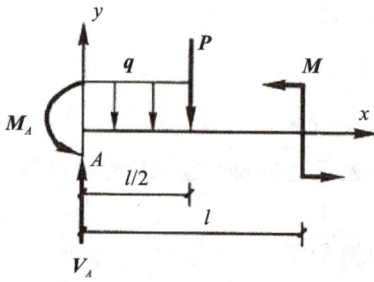

图 2-69

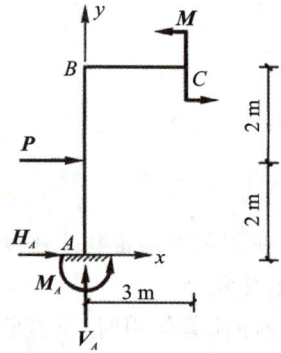

图 2-70

$$\sum Y = V_A = 0$$

$$\sum M_A = M_A - P \times 2 + M = 0$$

$$M_A = 2P - M = 35 \text{ kN} \cdot \text{m}(逆时针)$$

讨论:本题如果写出对 A、B、C 三点的力矩方程,同样可以求解。

$$\sum M_A = M_A + M - P \times 2 = 0$$

$$\sum M_B = M_A + M + P \times 2 + H_A \times 4 = 0$$

$$\sum M_C = M_A + M + P \times 2 + H_A \times 4 - V_A \times 3 = 0$$

解方程得

$$M_A = 35 \text{ kN} \cdot \text{m}(逆时针)$$

$$H_A = -25 \text{ kN}(\leftarrow)$$

$$V_A = 0$$

注意:应用力矩方程求解时,必须满足限制条件,否则三个平衡方程不都是独立的。

例 2-17 摇臂吊车受力情况如图 2-71 所示,水平梁承受拉杆的拉力 $\boldsymbol{F}_T$。已知梁的重力 $G = 4$ kN,载荷 $W = 20$ kN,梁长 $l = 2$ m,载荷到 A 点的距离 $x = 1.5$ m,拉杆倾角 $\alpha = 30°$。试求拉杆的拉力和 A 点的约束反力。

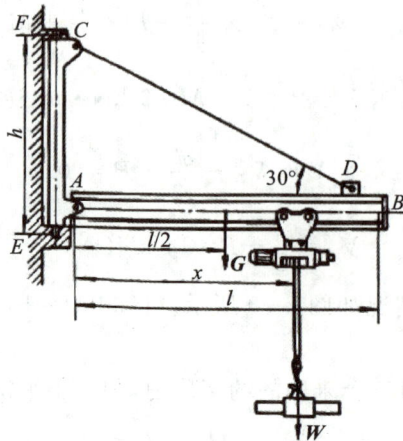

图 2-71

解:(1)已知力、未知力汇集于 AB 梁,故取 AB 梁为研究对象,画出 AB 梁的分离体受力图,如图 2-72 所示。

图 2-72

(2)列平衡方程求解。图中 A、B、C 三点都为两个未知力的汇交点。比较 A、B、C 三点,取 B 点为矩心列力矩方程计算较为简单,即

$$\sum F_x = F_{Nx} - F_T \cos\alpha = 0$$

$$\sum F_y = F_{Ny} - G - W + F_T \sin\alpha = 0$$

$$\sum M = -F_{Ny} \times l + G \times \frac{l}{2} + W \times (l-x) = 0$$

求解方程可得

$$F_{Nx} = 29.44 \text{ kN}$$

$$F_{Ny} = 7 \text{ kN}$$

$$F_T = 34 \text{ kN}$$

(3)讨论。因 x 变化,F_T、F_N 也跟着变化,所以考虑各构件的强度要从 x 变化的全过程来进行分析。

例 2-18　悬臂梁受力情况如图 2-73 所示。梁上作用均布荷载 q,B 端作用集中力 $F=ql$ 和力偶 $M=ql^2$,梁长度为 $2l$,已知 q 和 l(力的单位为 N,长度单位为 m)。求固定端的约束反力。

解:(1)取 AB 梁为研究对象,画受力图,如图 2-74 所示,把均布荷载 q 简化为作用于梁中点的一个集中力 $F_Q=2ql$。

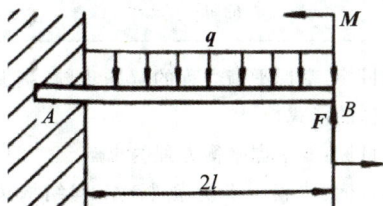

图 2-73

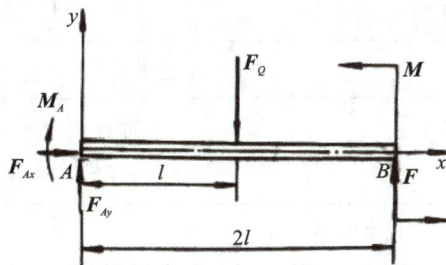

图 2-74

(2)列平衡方程求解,即

$$\sum F_x = F_{Ax} = 0$$

$$\sum M_A(\boldsymbol{F}) = M - M_A + 2Fl - F_Ql = 0$$

$$M_A = M + 2Fl - F_Ql = ql^2$$

$$\sum F_y = F_{Ay} + F - F_Q = 0$$

$$F_{Ay} = F_Q - F = 2ql - ql = ql$$

例 2-19 一飞机沿直线水平匀速飞行,如图 2-75 所示。已知飞机的重力 $\boldsymbol{G}$,阻力 $\boldsymbol{F_D}$,俯仰力偶 $\boldsymbol{M}$,飞机尺寸 a、b 和 d。试求飞机的升力、尾翼荷载和喷气推力。

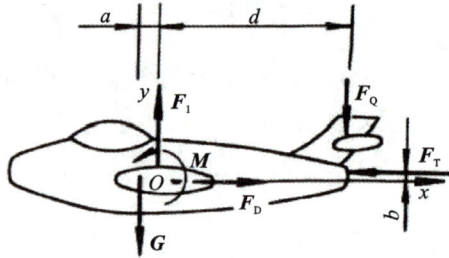

图 2-75

解:(1)以飞机为研究对象,画受力图。

(2)列平衡方程求解,即

$$\sum F_x = F_D - F_T = 0$$

$$F_T = F_D$$

$$\sum M_O(\boldsymbol{F}) = M + F_Tb + Ga - F_Qd = 0$$

$$F_Q = (M + Ga + F_Tb)/d$$

$$\sum F_y = F_1 - G - F_Q = 0$$

$$F_1 = G + F_Q = G + (M + Ga + F_Tb)/d$$

学习任务 4 工作页

班级		姓名		学号	
任务描述			预期目标		
任务名称	平面任意力系的平衡方程及其应用		知识目标:掌握平衡方程的解题步骤;掌握平衡方程的形式。		
任务编号	4		能力目标:能掌握平衡方程的求解。		
知识类型	认知型		素质目标:能利用平衡条件对工程结构进行分析并计算		
知识认知					
钢筋混凝土刚架及支承情况如下图所示。已知 $P = 5 \text{ kN}$,$M = 2 \text{ kN} \cdot \text{m}$,刚架自重不计。请独立完成表中的学习任务					

续表

图片	填空并解答
	1.对刚架进行受力分析,画出刚架的受力图 2.列平衡方程 $$\sum X = \underline{\hspace{3cm}} = 0$$ $$\sum Y = \underline{\hspace{3cm}} = 0$$ $$\sum M_A = \underline{\hspace{3cm}} = 0$$ 支座反力的计算结果为 $$H_B = P = 5 \text{ kN}(\leftarrow)$$ $$V_B = 5.67 \text{ kN}(\uparrow)$$ $$V_A = -V_B = -5.67 \text{ kN}(\downarrow)$$
学习效果评价反馈	
学生自评	1.能掌握平衡方程的求解步骤　　　　　　　　　　□ 2.会求解二元一次方程　　　　　　　　　　　　□ 3.利用平衡条件解决工程实际问题　　　　　　　□ (根据本人实际情况填写:A.会;B.基本会;C.不会)
学习小组评价	团队合作□　工作效率□　交流沟通能力□　获取信息能力□　写作能力□　表达能力□ (根据小组完成任务情况填写:A.优秀;B.良好;C.合格;D.有待改进)
教师评价	
个人总结与反思	

思考题

1.平面任意力系的平衡条件是什么?

2.利用平衡方程解决未知约束反力的步骤是什么?

3.简述平衡方程的几种形式。

课后习题

1.求图 2-76 中各梁的支座反力。

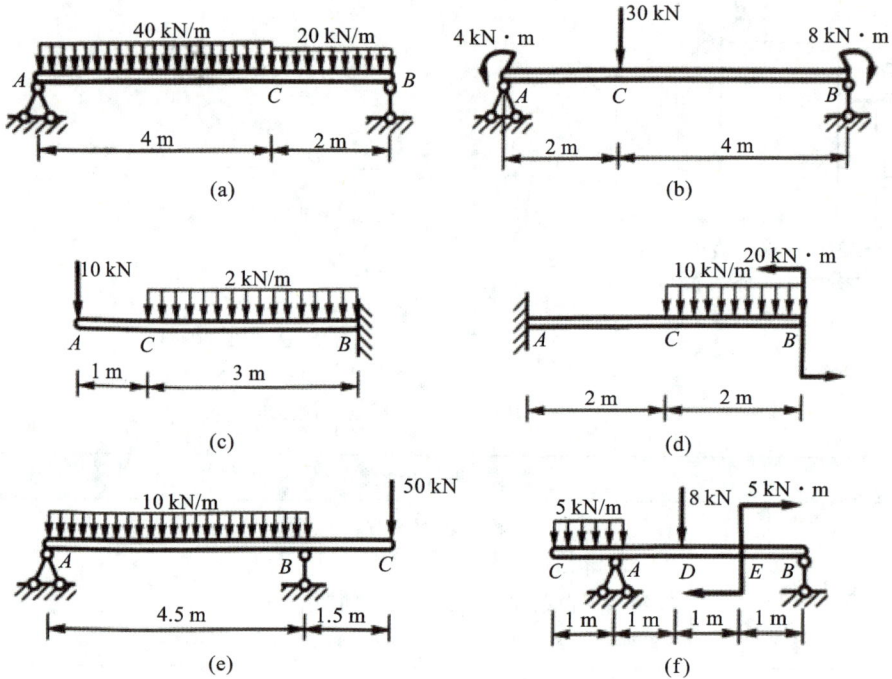

(a)

(b)

(c)

(d)

(e)

(f)

图 2-76

2.求图 2-77 中各结构的支座反力。

3.钢制正方形框架的边长 $a=40$ cm,重力 $W=500$ N,用粗麻绳套在框架外面起吊,如图 2-78 所示。现有两条长为 1.7 m 和 2 m 的相同粗细的麻绳,判断用哪一条麻绳起吊的拉力较小并求出这两个力的大小。

4.吊桥 AB 的长为 L,重力为 W_1(可看成作用在 AB 中点),一端用铰链 A 固定于地面,另一端用绳子吊住,绳子跨过光滑滑轮 C,绳末端挂有一个重物(重力为 W_2),AC=AB,如图 2-79 所示。求平衡时吊桥 AB 的位置(用角 α 表示)和 A 处的反力。

5.如图 2-80 所示,梁 AB 长 10 m,梁上铺设有起重机轨道。起重机的重力为 $G=50$ kN,其重心在铅直线 CD 上,重物的重力为 $W=10$ kN,梁的重力为 30 kN,E 到铅直线 CD 的垂直距离为 4 m,AC=3 m。求当起重机的伸臂和梁 AB 在同一铅直面内时,支座 A 和 B 处的反力。

6.图 2-81 所示为两根外径 $d=250$ mm 的管道搁置在 T 形支架上,支架的间距 $L=8$ m。管道的重量为 1.48 kN/m,管道传给支架的总重 F 作用在支架的 A、B 点;A 处的管道受到向右的水平荷载,沿管道长度风压力为 0.1 kN/m,风力的合力 F_Q 作用于迎风面的中点;支架的水平风荷载 $q=0.14$ kN/m;支架自重 $W=12$ kN。柱与基础支架用细石混凝土填实。求柱脚 C 处的约束反力。

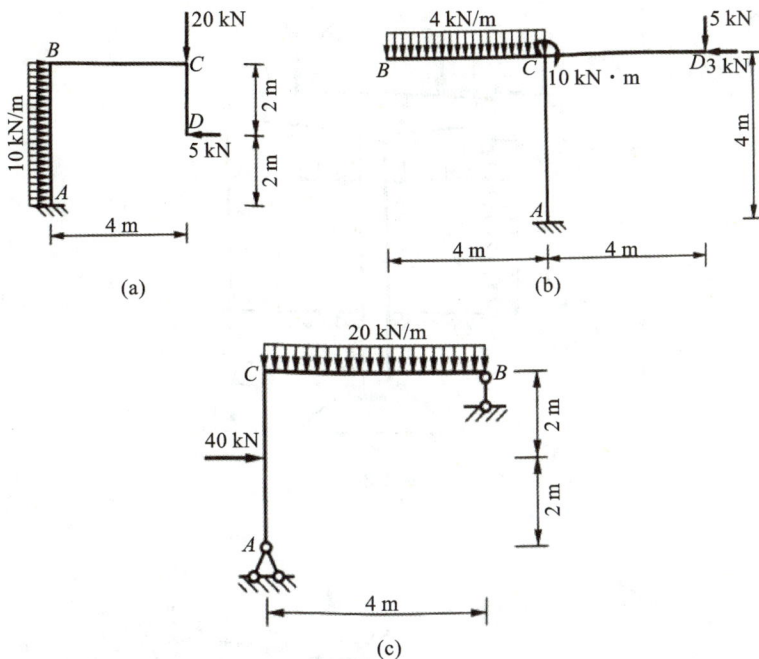

图 2-77

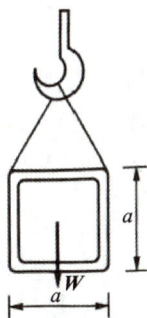

图 2-78

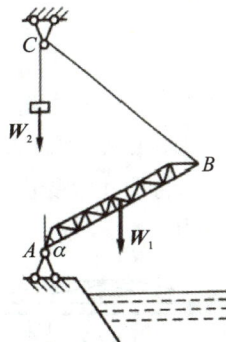

图 2-79

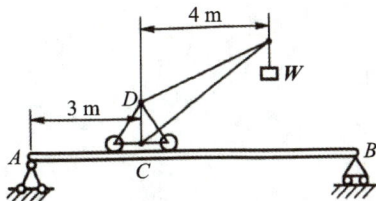

图 2-80

7. 如图 2-82 所示,起重工人为了把高 10 m、宽 1.2 m、重量 $W = 200$ kN 的塔架立起来,首先用垫块将其一端垫高 1.5 m,然后在其另一端用木桩顶住塔架,最后用卷扬机拉起塔架。试求当钢丝绳处于水平位置时,钢丝绳的拉力为多大才能把塔架拉起,并求此时木桩对塔架的约束反力。提示:木桩对塔架的约束可认为是铰链约束。

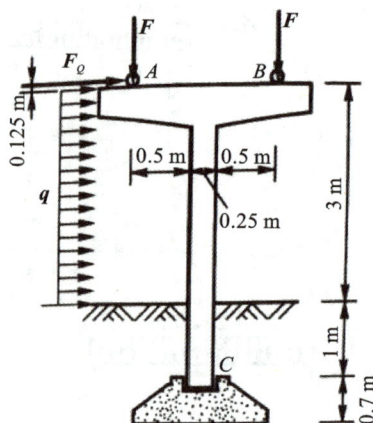

图 2-81

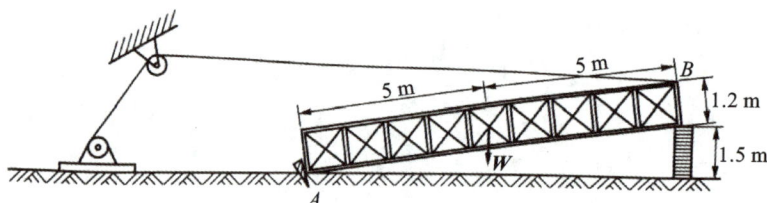

图 2-82

8. 如图 2-83 所示，塔式起重机机身重量 $W=450$ kN（不包括平衡锤），作用于 C 点。最大起重量 $F_P=250$ kN。要使起重机安全地工作，平衡锤重 F 应为多少？

9. 悬臂刚架的尺寸及受力情况如图 2-84 所示。已知 $q=4$ kN/m，$M=10$ kN·m，试求支座 A 处的反力。

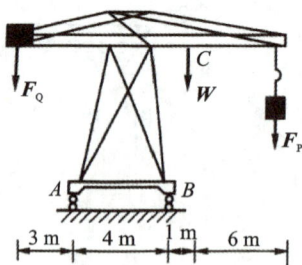

图 2-83

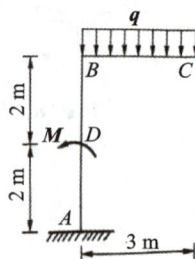

图 2-84

10. 图 2-85 所示起重机的重量 $G=500$ kN，最大起重荷载 $F_{max}=250$ kN。已知 $a=6$ m，$b=3$ m，$e=1.5$ m，$l=10$ m。要使起重机满载时不向右倾倒，空载时不向左倾倒，试确定平衡锤重量 P 的取值范围。

11. 如图 2-86 所示，放在地面上的梯子由 AB 和 AC 两部分在 A 点铰接，在 D、E 两点用绳子连接。梯子与地面间的摩擦和梯子自重不计。已知 AC 上作用有铅垂力 P，试求梯子平衡时地面对梯子的作用力和绳子 DE 的拉力。

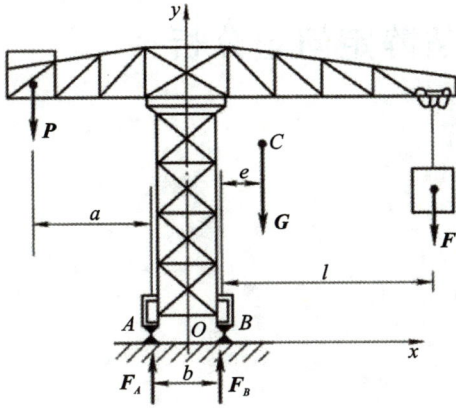

图 2-85

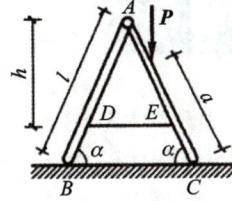

图 2-86

学习任务 5　静定和超静定问题分析

学习目标

1. 会判断物体系统之间的平衡关系。
2. 能叙述物体结构之间的平衡问题。
3. 会判断静定与超静定问题。

任务描述

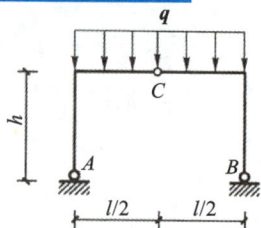

图 2-87

图 2-87 所示三铰刚架由左、右两个折杆组成。作用于结构上的主动力是均布荷载 q。已知 $q=10\ \text{kN/m}$，$l=12\ \text{m}$，$h=6\ \text{m}$，求支座 A、B 的约束反力和铰 C 处的相互作用力。

学习引导

本学习任务的脉络如图 2-88 所示。

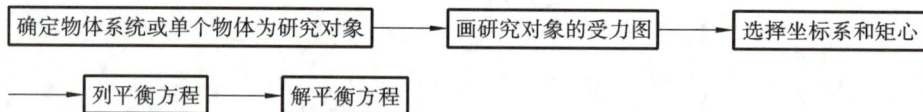

图 2-88

相关知识

1. 物体系统的平衡

在实际工程中，我们常常遇到由几个物体通过一定的约束联系在一起的物体系统。研究物体系统的平衡问题，不仅需要求解支座反力，而且需要计算系统内各物体的相互作用力。物体系统以外的物体作用在此系统上的力叫作外力；物体系统内各物体的相互作用力叫作内力。如图 2-89 所示,组合梁所受的荷载与 A、C 处支座的反力就是外力,B 铰处左右两段梁相互作用的力就是组合梁的内力。要暴露内力必须将物体系统中各物体在它们相互联系的地方拆开,分别分析单个物体的受力情况,画出它们的受力图,如将组合梁在铰 B 处拆开为两段梁,分别画出这两段梁的受力图。应该注意的是,外力和内力的概念是相对的,取决于选取的研究对象。例如,图中组合梁在 B 铰处两段梁的相互作用力,对整体梁来说,就是内力;对左段梁或右段梁来说,就是外力。

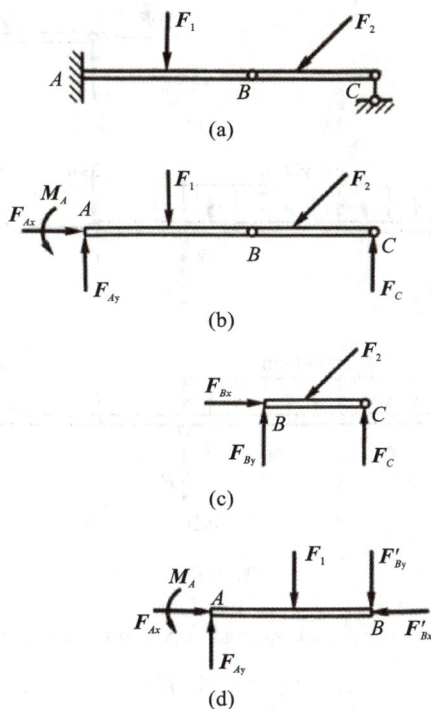

图 2-89

特别注意作用力与反作用力的关系。

物体系统内各物体之间相互作用的内力总是成对出现的,它们大小相等、方向相反、作用线相同,所以,在研究该物体系统的整体平衡时,不必考虑内力。

例 2-20　两跨梁的支承及荷载情况如图 2-90 所示。试求支座 A、B、D 及铰 C 处的约束反力。

解:两跨梁是由梁 AC 和 CD 组成的。作用在每段梁上的力系都是平面力系,因此可列出六个独立的平衡方程。未知量也有六个。梁 CD、AC 及整体梁的受力图如图 2-90 所示。各约束反力的方向都是假设的。注意:约束反力 F_{Cx}、F_{Cy} 分别与 F'_{Cx}、F'_{Cy} 大小相等、方向相反、作用在一条直线上。

由受力图可以看出,梁 CD 上只有三个未知量,而梁 AC 及整体梁上都有四个未知量。因此,先取梁 CD 为研究对象,求出 F_{Cx}、F_{Cy}、F_D,然后再考虑梁 AC 或整体梁的平衡,就能解出其余的未知量。

(1)取梁 CD 为研究对象。

$$\sum F_x = F_{Cx} - 10 \text{ kN} \times \cos 60° = 0$$
$$F_{Cx} = 10 \text{ kN} \times \cos 60° = 5 \text{ kN}$$

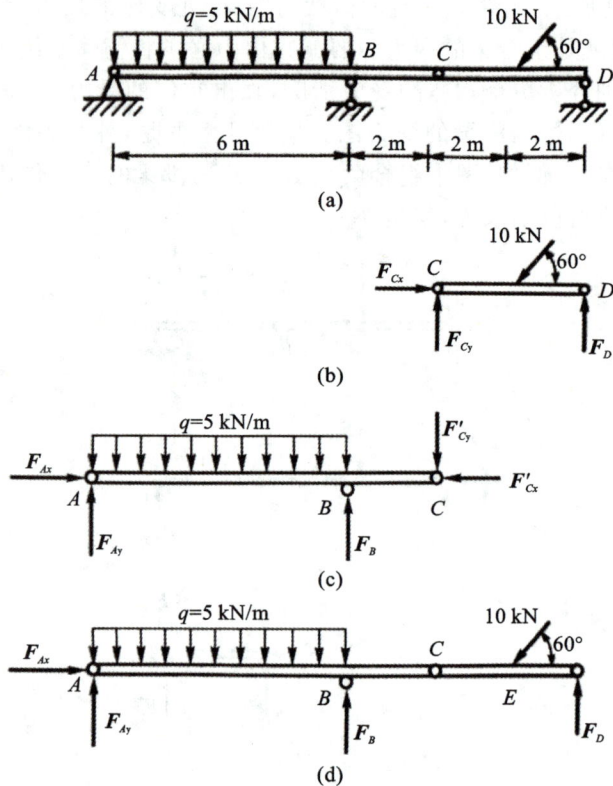

图 2-90

$$\sum M_C = F_D \times 4\ \mathrm{m} - 10\ \mathrm{kN} \times \sin 60° \times 2\ \mathrm{m} = 0$$

$$F_D = 4.33\ \mathrm{kN}$$

（2）取梁 AC 为研究对象。

$$\sum F_x = F_{Ax} - F'_{Cx} = 0$$

$$F_{Ax} = F'_{Cx} = 5\ \mathrm{kN}$$

$$\sum M_A = F_B \times 6\ \mathrm{m} - 5\ \mathrm{kN/m} \times 6\ \mathrm{m} \times 3\ \mathrm{m} - F'_{Cy} \times 8\ \mathrm{m} = 0$$

$$F_B = \frac{1}{6\ \mathrm{m}}(5\ \mathrm{kN/m} \times 6\ \mathrm{m} \times 3\ \mathrm{m} + 4.33\ \mathrm{kN} \times 8\ \mathrm{m}) = 20.77\ \mathrm{kN}$$

$$\sum M_B = -F_{Ay} \times 6\ \mathrm{m} + 5\ \mathrm{kN/m} \times 6\ \mathrm{m} \times 3\ \mathrm{m} - F'_{Cy} \times 2\ \mathrm{m} = 0$$

$$F_{Ay} = \frac{1}{6\ \mathrm{m}}(5\ \mathrm{kN/m} \times 6\ \mathrm{m} \times 3\ \mathrm{m} - 4.33\ \mathrm{kN} \times 2\ \mathrm{m}) = 13.56\ \mathrm{kN}$$

（3）校核：取整体梁为研究对象，列出平衡方程。

$$\sum F_x = F_{Ax} - 10\ \mathrm{kN} \times \cos 60° = 5\ \mathrm{kN} - 10\ \mathrm{kN} \times \cos 60° = 0$$

$$\sum F_y = F_{Ay} + F_B + F_D - 5\mathrm{kN/m} \times 6\ \mathrm{m} - 10\ \mathrm{kN} \times \sin 60°$$

$$= 13.56\ \mathrm{kN} + 20.77\ \mathrm{kN} + 4.33\ \mathrm{kN} - 5\ \mathrm{kN/m} \times 6\ \mathrm{m} - 10\ \mathrm{kN} \times \sin 60°$$

$$= 0$$

2. 静定与超静定问题的概念

对于前文讨论的单个物体或物体系统的平衡问题,由于未知力的数量与列出的独立平衡方程的数量相等,应用平衡方程就能求出全部未知力,这类问题称为静定问题。如果未知力的数量多于建立的独立平衡方程的数量,应用平衡方程不能求出全部未知力,这类问题称为超静定问题。

在平衡的刚体系统中,如果只考虑整个系统的平衡,未知力的数量多于 3 个(平面任意力系只能提供 3 个独立的平衡方程)。但是,若将系统"拆开"并依次考虑各个刚体的平衡,未知力的数量与平衡方程的数量相等,这种刚体系统便是静定的。当然,还有一些刚体系统,在系统"拆开"之后,未知力的数量仍然多于平衡方程的数量,因而无法求解全部未知力,这种刚体系统便是超静定的。

求解刚体系统的平衡问题之前,应先判断刚体系统的静定与超静定的性质。只有刚体是静定的,才能用静力平衡方程求解。

需要指出的是,刚体系统是不是超静定的一般取决于未知力的数量与独立平衡方程的数量,与研究对象被使用的次数无关。初学者常常会出现这样的错觉:在考虑每个刚体的平衡之后,再考虑整体平衡,就可以多列出几个平衡方程。实际上,如果刚体系统中的每个刚体都是平衡的,刚体系统必然是平衡的。因此,整体平衡方程已经包含于各个刚体的平衡方程之中,即整体平衡方程与各个刚体的平衡方程是有联系的,而不是独立的。

图 2-91 所示结构的平衡问题均为静定问题。

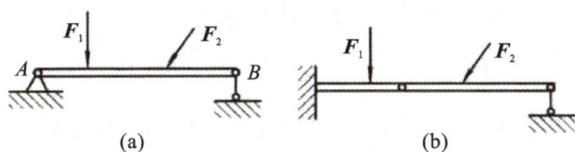

图 2-91

图 2-92 所示结构的平衡问题都是超静定问题。

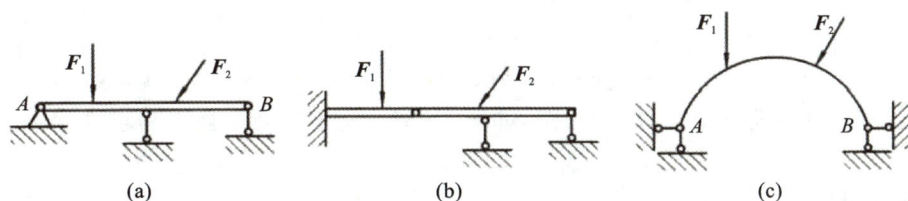

图 2-92

必须指出,超静定问题并不是不能解决的问题,只是仅用平衡方程是不能解决的。事实上,任何物体受力后都要变形,如果考虑物体受力后的变形,再列出某些补充方程,超静定问题可以得到解决。

3. 物体系统平衡问题的实例分析

解决物体系统平衡问题的方法和需要注意的问题如下。

(1)灵活选取研究对象。由于物体系统是由多个物体组成的系统,选择哪个物体作为研究对象是解决物体系统平衡问题的关键。

①如果整个系统外的全部或部分约束反力能够在不拆开系统时求出,可先取整个系统作为研究对象。

②选择受力情形最简单,有已知力和未知力同时作用的某一部分或几部分为研究对象。

③研究对象的选择应尽可能满足一个平衡方程解一个未知量的要求。

(2)正确进行受力分析。求解物体系统平衡问题时,一般要选择部分或单个物体为研究对象。由于物体间约束形式复杂多样,内力的分析必然困难。因此,选择不同研究对象时,特别要分清约束与受约束体、内力和外力、作用力和反作用力等。在整体、部分和单个物体受力图中,同一处约束反力要画一致。

例 2-21   求图 2-93 所示两跨静定梁的支座 A、C 的约束反力和铰 B 处的相互作用力。

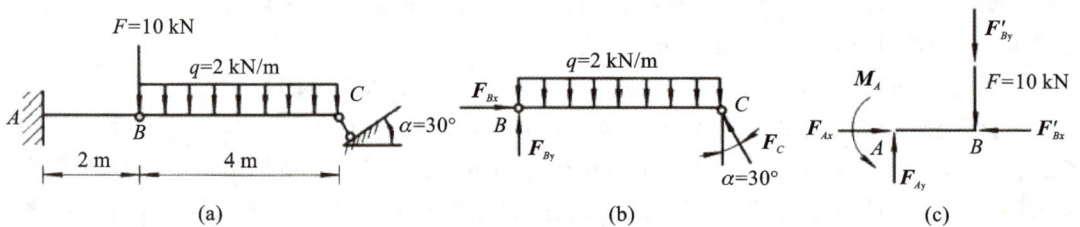

图 2-93

解:(1)以梁 BC 为研究对象,画受力图,如图 2-93(b)所示。

列平衡方程计算支座 C 的约束反力和铰 B 处的相互作用力。

$$\sum M_B(\boldsymbol{F}) = F_C \cos30° \times 4 \text{ m} - q \times 4 \text{ m} \times 2 \text{ m} = 0$$

$$F_C = \frac{q \times 8 \text{ m}^2}{4 \text{ m} \times \cos30°} = \frac{2 \times 8}{4 \times \frac{\sqrt{3}}{2}} \text{ kN} = 4.62 \text{ kN}$$

$$\sum F_x = F_{Bx} - F_C \sin30° = 0$$

$$F_{Bx} = F_C \sin30° = 4.62 \times 0.5 \text{ kN} = 2.31 \text{ kN}$$

$$\sum F_y = F_{By} + F_C \cos30° - q \times 4 \text{ m} = 0$$

$$F_{By} = q \times 4 \text{ m} - F_C \cos30° = (2 \times 4 - 4.62 \times 0.866) \text{ kN} = 4 \text{ kN}$$

(2)以梁 AB 为研究对象,画受力图,如图 2-93(c)所示。列平衡方程求固定端支座约束反力。

平衡方程为

$$\sum F_x = F_{Ax} - F'_{Bx} = 0$$

$$\sum F_y = F_{Ay} - F - F'_{By} = 0$$

$$\sum M_A(\boldsymbol{F}) = M_A - F \times 2 \text{ m} - F'_{By} \times 2 \text{ m} = 0$$

解得 A 支座约束反力分别为

$$F_{Ax} = F'_{Bx} = 2.31 \text{ kN}$$

$$F_{Ay} = F + F'_{By} = 14 \text{ kN}$$

$$M_A = 28 \text{ kN} \cdot \text{m}$$

例 2-22 人字梯的受力情况如图 2-94 所示。求绳索 DE 的拉力。

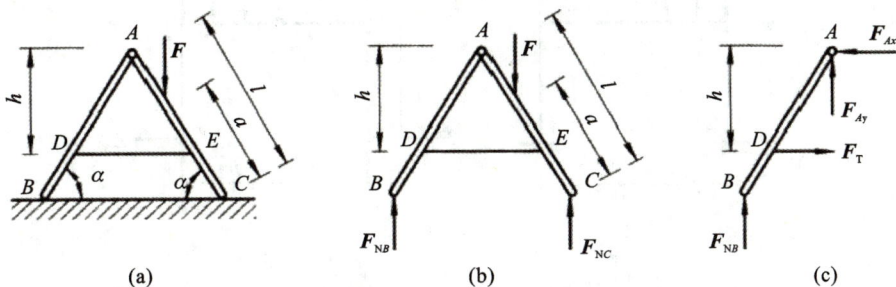

图 2-94

解:(1)以整体为研究对象,画受力图,如图 2-94(b)所示。由平面平行力系的平衡条件求出光滑面约束反力。

$$\sum M_C(\boldsymbol{F}) = -F_{NB} \times 2l\cos\alpha + F \times a\cos\alpha = 0$$

$$F_{NB} = \frac{aF}{2l}$$

(2)以杆 AB 为研究对象,画受力图,如图 2-94(c)所示。由平面任意力系的平衡条件求出绳索拉力。

$$\sum M_A(\boldsymbol{F}) = -F_{NB} \times l\cos\alpha + F_T \times h = 0$$

$$F_T = \frac{aF}{2h}\cos\alpha$$

例 2-23 三铰刚架的受力情况如图 2-95 所示。已知 $q = 10 \text{ kN/m}$,$l = 12 \text{ m}$,$h = 6 \text{ m}$,试求支座 A、B 的约束反力和铰 C 处的相互作用力。

解:三铰刚架由左、右两个折杆组成。作用于结构上的主动力是均布荷载 q,约束反力是 H_A、H_B、V_A、V_B。整体受力图如图 2-95(b)所示。将铰 C 拆开分别画出左、右两半刚架的受力图,如图 2-95(c)所示。假设铰 C 对左半部的作用力是 H_C、V_C,作用于右半部的力是 H_C'、V_C',是作用力与反作用力的关系。要求的未知量共有 6 个。作用在整体或每个折杆上的未知力都是 4 个。可以分别取整体和一个折杆为研究对象,或取左、右两个折杆为研究对象,列出 6 个平衡方程,求解 6 个未知量。

①取整体为研究对象。

$$\sum M_A = V_B l - ql \times \frac{l}{2} = 0$$

$$V_B = \frac{ql}{2} = \frac{10 \times 12}{2} \text{ kN} = 60 \text{ kN}(\uparrow)$$

$$\sum M_B = -V_A l + ql \times \frac{l}{2} = 0$$

$$V_A = \frac{ql}{2} = 60 \text{ kN}(\uparrow)$$

$$\sum X = H_A - H_B = 0$$

$$H_A = H_B$$

②取左半折杆为研究对象。

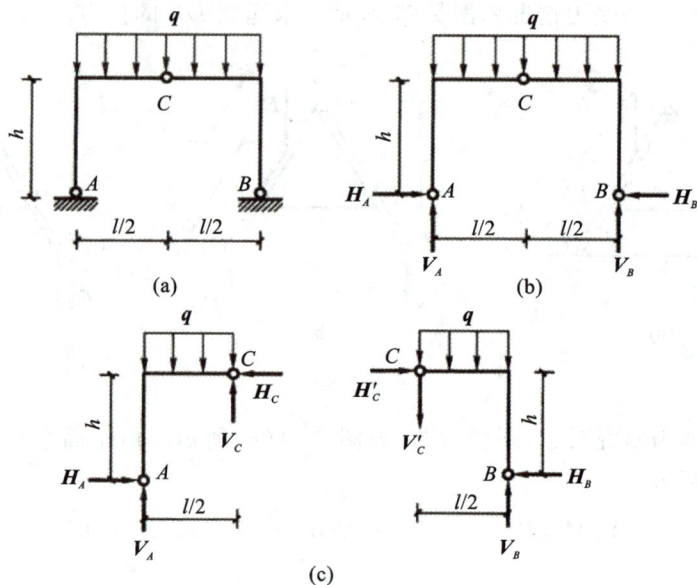

图 2-95

$$\sum M_C = q \times \frac{l}{2} \times \frac{l}{4} + H_A h - V_A \times \frac{l}{2} = 0$$

$$H_A = \frac{V_A \times \frac{l}{2} - q \times \frac{l}{2} \times \frac{l}{4}}{h} = \frac{60 \times 6 - 10 \times 6 \times 3}{6} \text{ kN} = 30 \text{ kN}(\rightarrow)$$

故

$$H_B = H_A = 30 \text{ kN}(\leftarrow)$$

$$\sum X = H_A - H_C = 0$$

$$H_C = H_A = 30 \text{ kN}(\leftarrow)$$

$$\sum Y = V_A + V_C - \frac{ql}{2} = 0$$

$$V_C = \frac{ql}{2} - V_A = (60 - 60) \text{ kN} = 0$$

校核:可以再取右半折杆为研究对象,列平衡方程并将已求出的数值代入,验算是否满足平衡条件(请读者自己完成)。

例 2-24 两跨梁的支承及荷载情况如图 2-96 所示。已知 $P_1 = 10$ kN, $P_2 = 20$ kN,试求支座 A、B、D 的约束反力及铰 C 处的相互作用力。

解:两跨梁是由梁 AC 和 CD 组成的,作用在每段梁上的力系都是平面力系,因此可列出 6 个独立的平衡方程。未知量也有 6 个:A、C 处各 2 个,B、D 处各 1 个。6 个独立的平衡方程能解 6 个未知量。梁 CD、梁 AC 及整体梁的受力图如图 2-96 所示。各约束反力的指向都是假定的。注意:约束反力 H'_C、V'_C 与 H_C、V_C 大小相等、方向相反、作用在一条直线上。

由 3 个受力图可以看出,梁 CD 上只有 3 个未知力,梁 AC 及整体梁上都有 4 个未知力。因此,应先取梁 CD 为研究对象,求出 H_C、V_C、V_D,再考虑梁 AC 或整体梁平衡,解出其余未知力。

①取 CD 梁为研究对象。

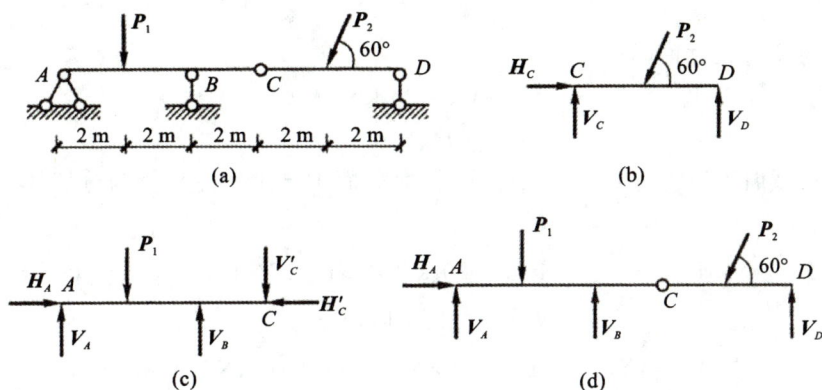

图 2-96

$$\sum M_C = - P_2 \sin60° \times 2\ \text{m} + V_D \times 4\ \text{m} = 0$$

$$V_D = 8.66\ \text{kN}(\uparrow)$$

$$\sum X = H_C - P_2 \cos60° = 0$$

$$H_C = P_2 \cos60° = 20 \times 0.5\ \text{kN} = 10\ \text{kN}(\rightarrow)$$

$$\sum Y = V_C + V_D - P_2 \sin60° = 0$$

$$V_C = P_2 \sin60° - V_D = 8.66\ \text{kN}(\uparrow)$$

②取 AC 梁为研究对象。

$$\sum M_A = - P_1 \times 2\ \text{m} - V'_C \times 6\ \text{m} + V_B \times 4\ \text{m} = 0$$

$$V_B = 17.99\ \text{kN}(\uparrow)$$

$$\sum X = H_A - H'_C = 0$$

$$H_A = H'_C = 10\ \text{kN}(\rightarrow)$$

$$\sum Y = V_A - P_1 + V_B - V'_C = 0$$

$$V_A = P_1 - V_B + V'_C = 0.67\ \text{kN}(\uparrow)$$

③校核：取整体梁为研究对象，列平衡方程。

$$\sum X = H_A - P_2 \cos60° = 0$$

$$\sum Y = V_A + V_B + V_D - P_1 - P_2 \sin60° = 0$$

校核结果说明计算正确。

例 2-25 试求图 2-97 所示桁架中杆 a、杆 b 和杆 c 的力。

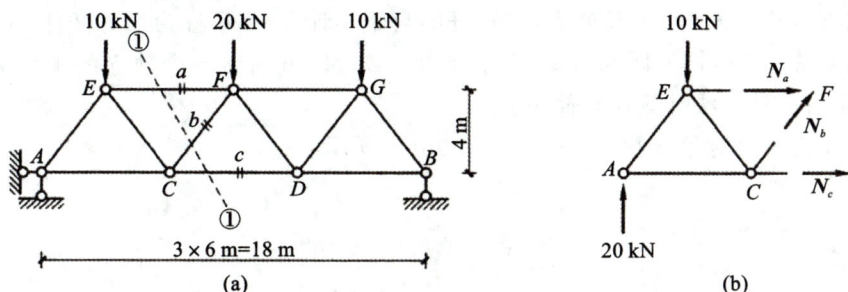

图 2-97

解:①求支座反力。

因为结构及荷载对称,故

$$V_A = V_B = 20 \text{ kN}(\uparrow)$$

$$H_A = 0$$

②假想用截面①—①将 a、b、c 三杆截断,取截面①—①以左部分为分离体,其受力图如图 2-97(b)所示。

$$\sum M_C = -N_a \times 4 \text{ m} - 20 \text{ kN} \times 6 \text{ m} + 10 \text{ kN} \times 3 \text{ m} = 0$$

$$N_a = -22.5 \text{ kN}(压力)$$

$$\sum M_F = N_c \times 4 \text{ m} + 10 \text{ kN} \times 6 \text{ m} - 20 \text{ kN} \times 9 \text{ m} = 0$$

$$N_c = 30 \text{ kN}(拉力)$$

$$\sum X = N_b \times 3/5 + 30 \text{ kN} - 22.5 \text{ kN} = 0$$

$$N_b = -12.5 \text{ kN}(压力)$$

通过例 2-25 的计算结果不难看出,梁式桁架在垂直向下的竖向荷载作用下,上弦杆均受压力,下弦杆均受拉力。掌握桁架的受力特点对实际工作是有益处的。

例 2-26 构架如图 2-98 所示,B、D、E 处均为铰链连接,A 处为固定端支座。已知荷载 $Q = 4 \text{ kN}$,各杆自重不计,试求支座 A 及铰链 B、D、E 处的约束反力。

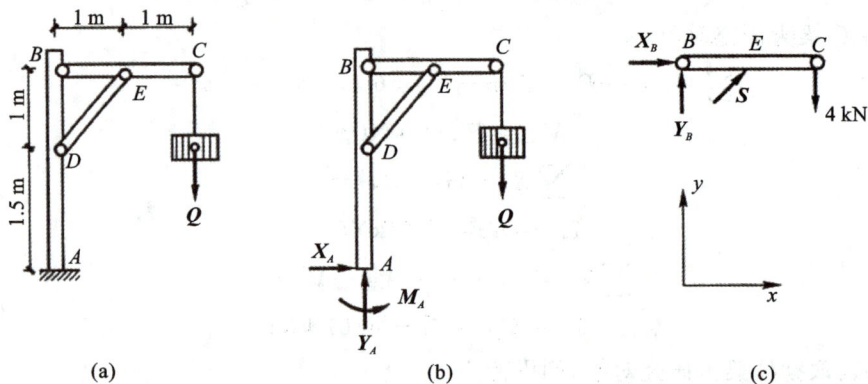

图 2-98

解:构架由 AB、BC、DE 三根杆组成,各杆都受到一个平面力系的作用,可以列出 9 个独立的平衡方程。未知力也有 9 个,即固定端 A 处的三个约束反力和铰 B、D、E 三处每处的两个约束反力。9 个独立的平衡方程可以解出 9 个未知量。

此题也可以这样分析:D、E 处为铰链,杆的自重不计,故 DE 杆为二力杆件,可以取三杆组成的构架系统和 BC 杆为研究对象,共有 6 个未知量,可列出 6 个独立的平衡方程求解。可以看出,用后一种方法计算比较简单。

①取整体为研究对象,画受力图,如图 2-98(b)所示。

$$\sum X = X_A = 0$$

$$\sum Y = Y_A - Q = 0$$

$$Y_A = Q = 4 \text{ kN}(\uparrow)$$

$$\sum M_A = M_A - Q \times 2\ \text{m} = 0$$

$$M_A = 8\ \text{kN}\cdot\text{m(逆时针)}$$

②取 BC 杆为研究对象,画受力图,如图 2-98(c)所示。

$$\sum M_B = -4\ \text{kN} \times 2\ \text{m} + S \times 1\ \text{m} \times \sin45° = 0$$

$$S = \frac{8}{\sin45°}\ \text{kN} = 11.31\ \text{kN(压力)}$$

$$\sum X = X_B + S \times \cos45° = 0$$

$$X_B = -S \times \cos45° = -8\ \text{kN}(\leftarrow)$$

$$\sum Y = Y_B + S \times \sin45° - 4\ \text{kN} = 0$$

$$Y_B = -S \times \sin45° + 4\ \text{kN} = -4\ \text{kN}(\downarrow)$$

X_B、Y_B 为负号,表示它们的实际指向与受力图中假定的指向相反。

学习任务 5 工作页

班级		姓名		学号	
任务描述				**预期目标**	
任务名称	静定和超静定问题分析		知识目标:理解结构的平衡;判断静定与超静定问题。		
任务编号	5		能力目标:能利用平面力系平衡方程解工程结构件的受力问题。		
知识类型	认知型		素质目标:具有求知欲和刻苦学习、钻研的精神,具有归纳总结的能力		
知识认知					

三铰刚架由左、右两个折杆组成。作用于结构上的主动力是均布荷载 q。已知 $q=10\ \text{kN/m}$,$l=12\ \text{m}$,$h=6\ \text{m}$,求支座 A、B 的约束反力和铰 C 处的相互作用力

图片	解答

学习效果评价反馈		
学生自评	1.能理解结构的平衡	☐
	2.会判断静定与超静定问题	☐
	3.能利用平面力系平衡方程解工程结构件的受力问题	☐
	(根据本人实际情况填写:A.会;B.基本会;C.不会)	

续表

学习小组评价	团队合作□ 工作效率□ 交流沟通能力□ 获取信息能力□ 写作能力□ 表达能力□ （根据小组完成任务情况填写：A.优秀；B.良好；C.合格；D.有待改进）
教师评价	
个人总结与反思	

思考题

1. 什么是静定问题？
2. 什么是超静定问题？
3. 在已经考虑物体系统中的构件的平衡状态的情况下是否还要考虑物体整体的平衡状态？
4. 解决物体系统平衡问题的方法和需要注意的问题是什么？

课后习题

1. 如图 2-99 所示，哪些为静定问题，哪些为超静定问题？

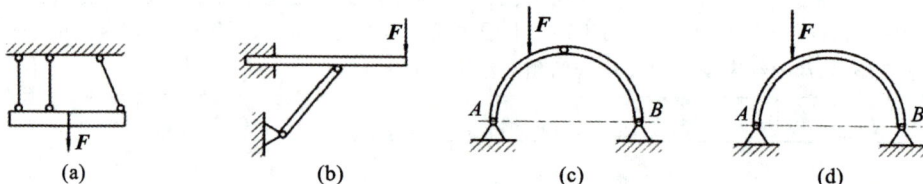

| (a) | (b) | (c) | (d) |

图 2-99

2. 试求图 2-100 所示两跨刚架的支座反力。

3. 三铰拱受力情况如图 2-101 所示，试求 A、B、C 三处的约束反力。

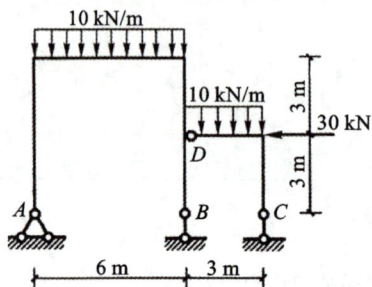

图 2-100

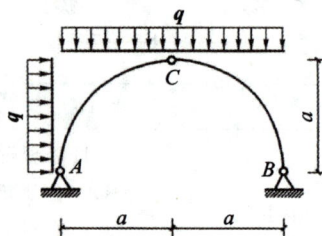

图 2-101

4.求图 2-102 所示桁架指定杆件所受的力。

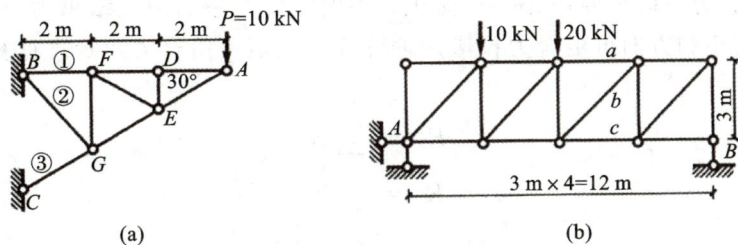

图 2-102

模块小结

本模块介绍了力矩与力偶的概念,力在坐标轴上的投影,合力投影定理、合力矩定理,平面汇交力系的合成与平衡,平面力偶系的合成与平衡,平面任意力系的合成与平衡,静定结构和超静定结构等内容。

(1)力矩。力对点之矩是度量力使物体绕该点转动的物理量。它的数学表达式为

$$M_O(\boldsymbol{F}) = \pm Fd$$

式中:O 为矩心;d 为力臂,是矩心到力的作用线的垂直距离。

(2)力偶。由大小相等、方向相反、作用线平行但不重合的两个力组成的力系称为力偶。力偶是一种特殊力系。

(3)力向一点平移。作用在刚体上的力可以向任意点平移。平移后,除了这个力,还产生一个附加力偶,其力偶矩等于原来的力对平移点的力矩。也就是说,平移后的一个力和一个力偶与平移前的一个力等效。

(4)力的投影。自力矢量的始端和末端分别向某一确定轴作垂线,得到两个交点(垂足),两个垂足之间的距离称为力在该轴上的投影。力的投影是代数量。

(5)合力投影定理。平面力系中各力在某坐标轴上的投影的代数和,等于力系的合力在该坐标轴上的投影。

(6)合力矩定理。合力矩等于各分力对同一点的力矩的代数和。

(7)平面力偶系的简化。应用力偶的性质,可对平面力偶系进行简化(合成),简化结果为一个合力偶,其力偶矩等于力偶系中所有力偶的力偶矩的代数和,即

$$M = \sum M$$

合力偶矩也等于力偶系中各力对平面内任一点的力矩的代数和,即

$$M = \sum M_A(\boldsymbol{F})$$

(8)平面力偶系的平衡条件。平面力偶系平衡的充分必要条件是力偶系中所有力偶的力偶矩的代数和等于零,即

$$\sum M = 0$$

此条件也可表述为力偶系中各力对平面内任一点的力矩的代数和等于零,即

$$\sum M_A(\boldsymbol{F}) = 0$$

(9)平面任意力系向平面内任一点简化。平面任意力系的简化结果为一个主矢与一个主矩。主矢的大小和方向可由合力投影定理计算。主矩可由合力矩定理计算,即由下列三个方程确定:

$$R_x = \sum X$$

$$R_y = \sum Y$$

$$M_O = \sum M_A(\boldsymbol{F}_n)$$

(10)平面任意力系的平衡条件。平面任意力系平衡的充分必要条件是力系的主矢和主矩都为零,其平衡方程有三种形式。

①基本形式为

$$\left.\begin{array}{l} \sum X = 0 \\ \sum Y = 0 \\ \sum M_A = 0 \end{array}\right\}$$

②二矩式为

$$\left.\begin{array}{l} \sum Y = 0 \\ \sum M_A = 0 \\ \sum M_B = 0 \end{array}\right\}$$

二矩式的附加条件:y 轴不能垂直于 A、B 两点的连线。

③三矩式为

$$\left.\begin{array}{l} \sum M_A = 0 \\ \sum M_B = 0 \\ \sum M_C = 0 \end{array}\right\}$$

三矩式的附加条件:A、B、C 三点不在一条直线上。

(11)平面平行力系的平衡方程。

①基本形式为

$$\left.\begin{array}{l} \sum Y = 0 \\ \sum M_A = 0 \end{array}\right\}$$

②二矩式为

$$\left.\begin{array}{l} \sum M_A = 0 \\ \sum M_B = 0 \end{array}\right\}$$

附加条件:A、B 两点的连线不能与各力平行。

(12)平面汇交力系的平衡方程。

平面汇交力系的平衡方程为

$$\left.\begin{array}{l} \sum X = 0 \\ \sum Y = 0 \end{array}\right\}$$

(13)静定结构的概念。由两个或两个以上刚体组成的系统称为刚体系统,也称为物体系统。杆件结构是物体系统中的一种。如果结构的未知约束力的数量与受力分析能提供的独立平衡方程的数量相等,结构是静定的,否则是超静定的。

模块 3　　轴向拉(压)杆的强度计算

在实际生产和生活中,我们经常能看到受拉或受压的杆件,如江阴长江公路大桥上的拉杆受拉(图 3-1)、车间用天车(图 3-2)吊起重物用的绳索在工作时受拉、内燃机(图 3-3)的连杆在工作时受压、三角托架(图 3-4)中的杆件受压。这些杆件的强度、稳定性直接影响工程的安全,因此在这些杆件投入使用前,必须对它们的强度、变形、稳定性进行测算。

解决杆件在受到轴向拉伸(压缩)时的变形与强度问题的方法,也是研究材料力学的基本方法:认识工程实例,建立力学模型;从分析外力入手,用截面法求出内力;通过实验观察得到的结论得出假设,并根据变形之间的物理关系得到横截面上各点应力的分布规律,导出应力的计算公式,建立强度条件;应用强度条件,解决校核强度、设计截面和确定许可荷载三种类型的问题。

图 3-1

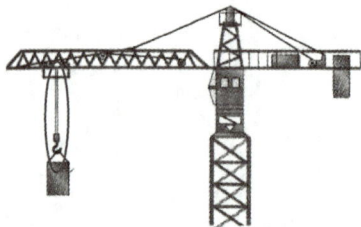

图 3-2

图 3-3

图 3-4

学习任务 1 轴向拉(压)杆的轴力图

学习目标

1. 能列举工程实际中的轴向拉伸与压缩问题。
2. 能描述轴向拉(压)杆的受力特点及变形特点。
3. 能叙述内力、内力图、截面法的概念。
4. 能用截面法计算轴向拉(压)杆横截面上的内力。
5. 能绘制轴力图。

任务描述

杆件受力如图 3-5 所示。已知 $P_1 = 20$ kN,$P_2 = 50$ kN,$P_3 = 30$ kN,试绘制杆的轴力图。

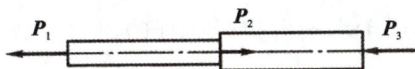

图 3-5

学习引导

本学习任务的脉络如图 3-6 所示。

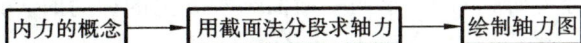

图 3-6

相关知识

拉伸与压缩变形是受力杆件中最简单的变形。工程实际中有很多产生拉伸(压缩)变形的实例。如图 3-7 所示,杆 BC 受沿杆的轴向外力 F_B、F_C 作用将产生轴向压缩变形。这种所受外力沿杆件轴向、杆件沿轴向伸长或缩短的杆件称为轴向拉(压)杆。

轴向拉(压)杆的受力特点是作用在杆件上的两个力(外力或外力的合力)大小相等、方同相反、作用线与杆轴线重合;变形特点是杆件沿轴向伸长或缩短。

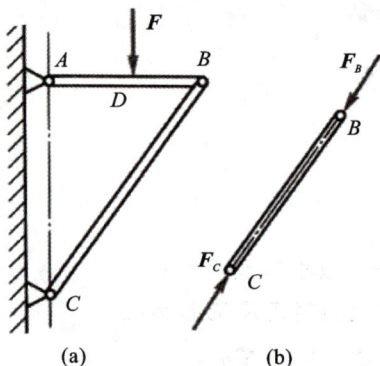

图 3-7

1. 轴向拉(压)杆的内力

内力指在外力作用下杆件的一部分与另一部分的相互作用力。

1)截面法

要确定杆件某个截面中的内力,可以假想地将杆件沿需要确定内力的截面截开,将杆分为两部分,取其中一部分作为研究对象。此时,截面上的内力被显示了出来,并成为研究对象上的外力。根据静力平衡条件可以求出此内力。这种求内力的方法称为截面法。

在材料力学中,截面法常用于求轴向拉(压)杆的内力。截面法是显示和确定内力的基本方法。

如图 3-8 所示,欲求拉杆任一截面 m—m 上的内力,可沿此截面将杆件假想地截成 A 和 B 两个部分,任取其中一个部分(A 部分)为研究对象,将弃去的部分 B 对保留部分 A 的作用以内力代替。

杆件原来处于平衡状态,故截开后各部分仍应保持平衡,可列平衡方程:

$$\sum X = N - P = 0$$

解平衡方程可得

$$N = P$$

如果取杆的 B 部分为研究对象,求同一截面 m—m 上的内力时,可得相同的结果:

$$\sum X = N' - P = 0$$

$$N' = P$$

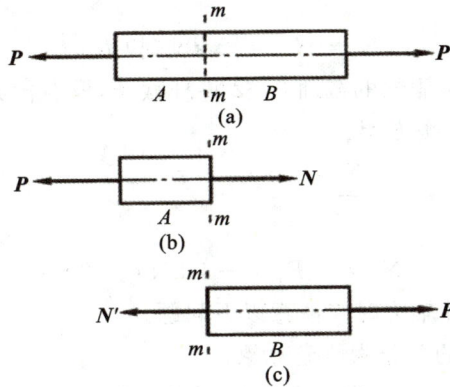

图 3-8

轴力的单位为 N 或 kN。

综上所述,用截面法求内力的步骤可以归纳为截取、代替、平衡。

截取:用一个假想的截面,将杆件沿需求内力的截面处截为两部分,取其中任一部分为研究对象。

代替:用内力代替弃去部分对选取部分的作用。

平衡:用静力平衡条件,根据已知外力求出内力。

需要指出的是,截面上的内力是分布在整个截面上的,利用截面法求出的内力是这些分布内力的合力。

2)轴向拉(压)杆的内力——轴力

由于轴向拉(压)杆的外力沿轴向作用,内力必然也沿轴向作用,故拉(压)杆的内力称为轴力。

轴力的符号规定:以产生拉伸变形时的轴力为正、产生压缩变形时的轴力为负。

下面通过例题讨论轴力的计算。

例 3-1 设一直杆 AB 沿轴向受力(图 3-9)。已知 $P_1 = 2$ kN,$P_2 = 3$ kN,$P_3 = 1$ kN,试求杆各段的轴力。

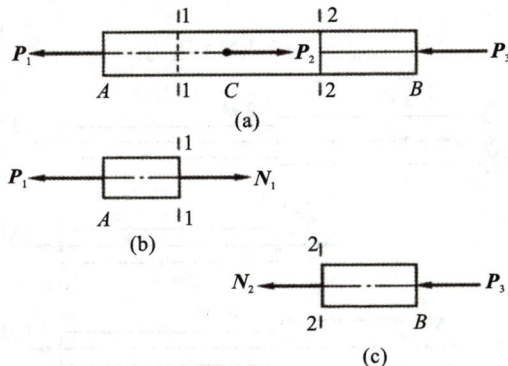

图 3-9

解:由于截面 C 处作用有外力 P_2,杆件 AC 段和 CB 段的轴力将不相同,需要分段研究。

(1)在 AC 段内用截面 1—1 将杆截开,取左段为研究对象,将右段对左段的作用以内力 N_1 代替,假定轴力为拉力,列平衡方程:

$$\sum X = N_1 - P_1 = 0$$

解平衡方程得

$$N_1 = P_1 = 2 \text{ kN（拉力）}$$

（2）求 CB 段的轴力。用假想的截面 2—2 将杆截开，取右段为研究对象，将左段对右段的作用以内力 $\mathbf{N}_2$ 代替，列平衡方程：

$$\sum X = N_2 + P_3 = 0$$

解平衡方程得

$$N_2 = -P_3 = -1 \text{ kN（压力）}$$

根据例 3-1 可知，在计算轴力时应注意以下问题。

（1）通常选取受力简单的部分为研究对象。

（2）计算杆件某一段轴力时，不能在外力作用点处截开。

（3）通常先假设截面上的轴力为正。计算结果为正说明实际轴力方向与假设方向相同，轴力为拉力；计算结果为负说明实际轴力方向与假设方向相反，轴力为压力。

例 3-2　求图 3-10 所示阶梯杆各段的轴力。

解： 分三段计算轴力，均取杆右段来研究。

CD 段的平衡方程为

$$\sum X = N_{CD} + 1 \text{ kN} = 0$$

解平衡方程得

$$N_{CD} = -1 \text{ kN（压力）}$$

BC 段的平衡方程为

$$\sum X = N_{BC} + 1 \text{ kN} - 2 \text{ kN} = 0$$

解平衡方程得

$$N_{BC} = 1 \text{ kN（拉力）}$$

AB 段的平衡方程为

$$\sum X = N_{AB} + 3 \text{ kN} + 1 \text{ kN} - 2 \text{ kN} = 0$$

解平衡方程得

$$N_{AB} = -2 \text{ kN（压力）}$$

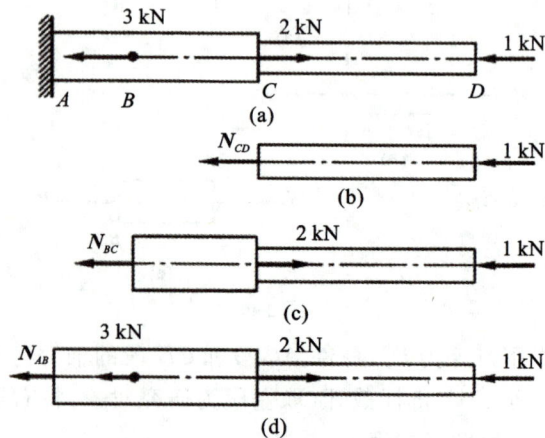

图 3-10

根据例 3-2,我们可归纳出求轴力的结论:杆件任一截面的轴力,在数值上等于该截面一侧(左侧或右侧)所有轴向外力的代数和。在代数和中,外力为拉力时取正,为压力时取负。

根据以上结论,我们可快速地求出轴向拉(压)杆的轴力。现以例 3-2 为例,利用结论求杆件各段的轴力。

如图 3-10(b)所示,杆件所受外力为压力,故

$$N_{CD} = -1 \text{ kN}(压力)$$

如图 3-10(c)所示,杆件所受外力为大小为 1 kN 的压力和大小为 2 kN 的拉力,故

$$N_{BC} = -1 \text{ kN} + 2 \text{ kN} = 1 \text{ kN}(拉力)$$

如图 3-10(d)所示,杆件所受外力为大小为 1 kN 的压力、大小为 2 kN 的拉力和大小为 3 kN 的压力,故

$$N_{AB} = -1 \text{ kN} + 2 \text{ kN} - 3 \text{ kN} = -2 \text{ kN}(压力)$$

通过计算不难看出,在熟练的情况下,通过归纳出的结论,可不用列平衡方程,快速地求出轴向拉(压)杆的轴力。

2. 轴力图

工程中常有一些杆件,受到多个轴向外力的作用,这时不同横截面上的轴力将不相同。为了形象地表示轴力沿杆长的变化情况,通常应先画轴力图。

轴力图是表明轴力沿杆长各横截面变化规律的图形。轴力图可以形象地表示轴力沿杆长的变化情况,方便地显示最大轴力所在位置和数值。轴力图由如下部分组成。

①坐标系:x 轴平行于杆的轴线。

②基线:x 轴上杆的正投影部分。当坐标轴略去不画时,用基线代替 x 轴。

③图线:图线上点的 x 坐标表示横截面的位置;点的 F_N 坐标表示该截面的轴力值。

④纵坐标线:图线上的点向基线引的垂线。

⑤纵坐标值:标上具有代表意义的纵坐标值。

⑥符号:杆段内轴力的正、负,拉力为正,压力为负。

⑦图名、单位。

轴力图的绘制方法:用平行于杆轴线的坐标轴 x 表示杆件横截面的位置,以垂直于杆轴线的坐标轴 F_N 表示相应截面上轴力的大小,正的轴力画在 x 轴上方,负的轴力画在 x 轴下方。这种表示轴力沿杆件轴线变化规律的图线,称为轴力图。轴力图除应标明轴力的大小、单位外,还应标明轴力的正负号。

例 3-3　杆件受力情况如图 3-11(a)所示。已知 $F_1 = 20 \text{ kN}, F_2 = 30 \text{ kN}, F_3 = 5 \text{ kN}$,求各段杆的轴力并绘制轴力图。

解:①计算各段杆的轴力。

AB 段:用 1—1 截面在 AB 段内将杆截开,取右段为研究对象,以 F_{N1} 表示截面上的轴力并假设轴力为拉力,如图 3-11(c)所示。

根据总结的求解轴力的结论,可快速写出 AB 段轴力:

$$F_{N1} = -F_1 = -20 \text{ kN}(压力)$$

以 BC 段为研究对象[图 3-11(d)],同理得

$$F_{N2} = -F_1 + F_2 = -20 \text{ kN} + 30 \text{ kN} = 10 \text{ kN}(拉力)$$

以 CD 段为研究对象[图 3-11(e)],同理得

$$F_{N3} = -F_1 + F_2 - F_3 = -20 \text{ kN} + 30 \text{ kN} - 5 \text{ kN} = 5 \text{ kN （拉力）}$$

②画轴力图。

以平行于杆的轴为横坐标，垂直于杆的轴为纵坐标，按一定比例将各段轴力标在坐标上，可得轴力图，如图 3-11(b)所示。

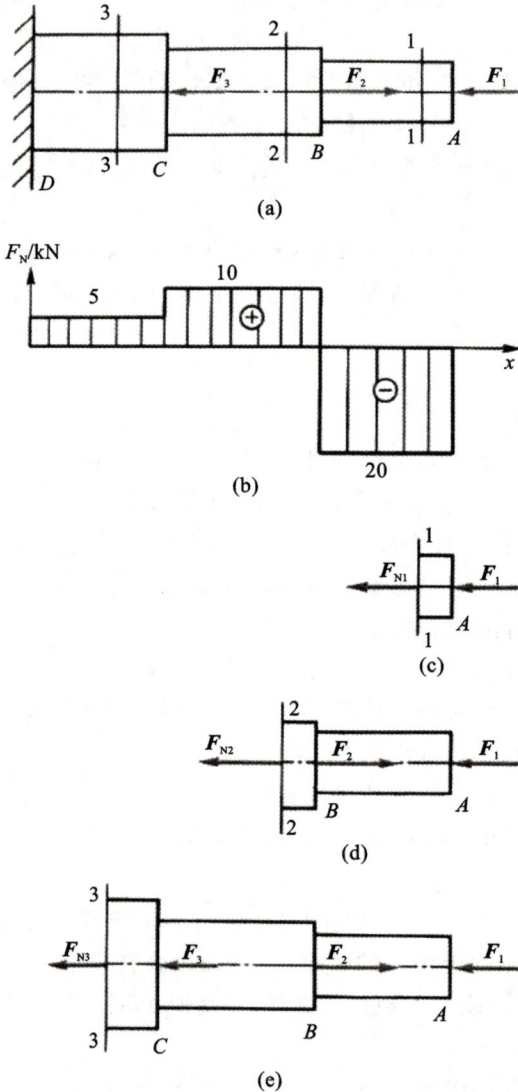

图 3-11

任务实施

(1)杆件受力情况如图 3-12(a)所示。已知 $P_1 = 20$ kN，$P_2 = 50$ kN，$P_3 = 30$ kN，试绘制杆的轴力图。

解:①用结论计算杆各段的轴力。

$$N_{AB} = P_1 = 20 \text{ kN（拉力）}$$

$$N_{BC} = -P_3 = -30 \text{ kN（压力）}$$

②画轴力图。

以平行于轴线的 x 轴为横坐标,垂直于轴线的 N 轴为纵坐标,将两段轴力标在坐标轴上,画出轴力图,如图 3-12(b)所示。

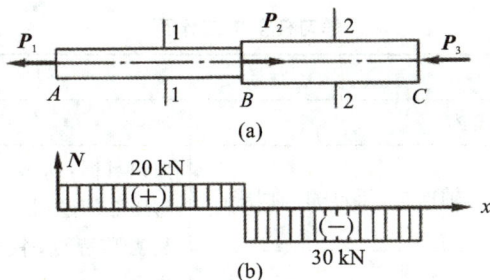

图 3-12

(2)某高度为 H 的正方形截面石柱如图 3-13(a)所示,顶部作用有轴心压力 $\boldsymbol{P}$。已知材料重度为 γ,画柱的轴力图。

解:柱的各截面的轴力的大小是变化的。计算任意截面 $n—n$ 上的轴力 $N(x)$ 时,将柱从该处假想地截开,取上段作为研究对象[图 3-13(b)]。

列平衡方程:

$$\sum X = P + G(x) - N(x) = 0$$

解平衡方程得

$$N(x) = P + G(x) = P + \gamma A x$$

其中,$G(x) = \gamma A x$ 是截面 $n—n$ 以上长度为 x 的一段柱的自重。由于重度 γ 和柱截面面积都是常量,所以 $G(x)$ 沿柱高呈线性变化。柱顶 $x=0$,$G(x)=0$;柱底 $x=H$,$G(x)=\gamma A H$。在自重单独作用下,柱的轴力图是一个三角形图形。同时考虑柱自重和柱顶压力 $\boldsymbol{P}$ 时,轴力图如图 3-13(c)所示。最大轴力出现在柱底截面,其值为 $N = P + \gamma A H$。

(3)起重机起吊某预制梁并处于平衡状态,如图 3-14(a)所示。已知预制梁自重 $G=20$ kN,$\alpha=45°$,不计吊索和吊钩的重力,试求斜吊索 AC、BC 所受的力。

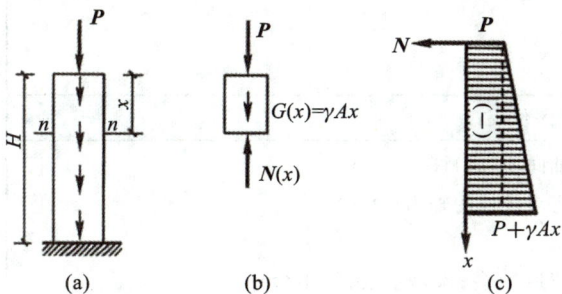

图 3-13

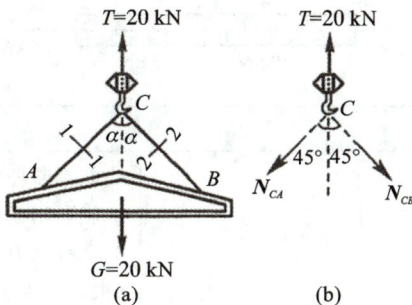

图 3-14

解:用 1—1 和 2—2 两个截面将吊索截开,取吊钩 C 为研究对象[图 3-14(b)],两斜吊索的内力分别为 N_{CA} 和 N_{CB}。

$$\sum X = N_{CB}\sin 45° - N_{CA}\sin 45° = 0$$

$$N_{CB} = N_{CA}$$

$$\sum Y = 20\ \text{kN} - N_{CA}\cos 45° - N_{CB}\cos 45° = 0$$

$$20\ \text{kN} - 2N_{CA}\cos 45° = 0$$

$$N_{CA} = N_{CB} = \frac{20}{2\cos 45°}\ \text{kN} = 14.1\ \text{kN}$$

学习任务 1 工作页

班级		姓名		学号	
任务描述				预期目标	
任务名称	轴向拉(压)杆的轴力图			知识目标:列举一个工程实际中的轴向拉伸与压缩问题;描述轴向拉(压)杆的受力特点及变形特点;叙述内力、内力图、截面法的概念。	
任务编号	1			能力目标:能用截面法计算轴向拉(压)杆横截面上的内力;能绘制轴力图。	
知识类型	认知型			素质目标:具有求知欲和刻苦学习、钻研的精神,具有归纳总结的能力	
知识认知					
看图并查阅资料,回答相关问题					
图片		轴向拉(压)杆的受力特点		判断哪个是轴向拉(压)杆	
图片		求轴力的技巧		直接给出各段轴力	
学习效果评价反馈					
学生自评	1. 能判断杆件是否为轴向拉(压)杆　　　　　　　　　□ 2. 能利用截面法和技巧求杆件的轴力　　　　　　　□ 3. 会画轴力图　　　　　　　　　　　　　　　　　　□ (根据本人实际情况填写:A. 会;B. 基本会;C. 不会)				
学习小组评价	团队合作□　工作效率□　交流沟通能力□　获取信息能力□　写作能力□　表达能力□ (根据小组完成任务情况填写:A. 优秀;B. 良好;C. 合格;D. 有待改进)				

教师评价	
个人总结与反思	

思考题

1.轴向拉(压)杆的受力特点和变形特点是什么?

2.截面法包括哪几步?

3.指出图 3-15 所示杆件中哪些部位属于轴向拉伸、哪些部位属于轴向压缩。

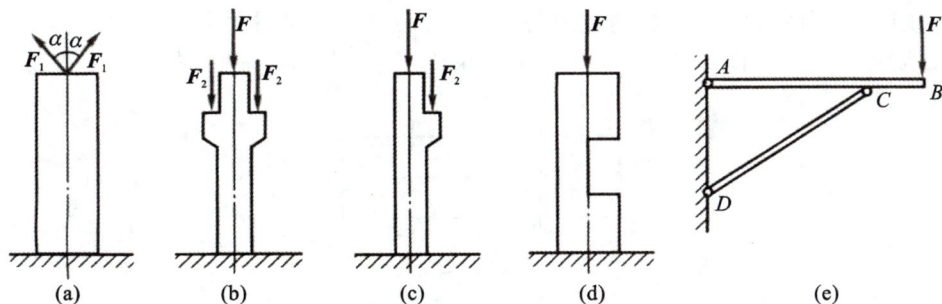

图 3-15

课后习题

一、填空题

1.轴向拉(压)杆的受力特点是外力(或合外力)沿杆件的_____作用;变形特点是杆件沿轴线_____,沿横向_____。

2.杆件由于外力作用而引起的附加内力简称为_____;轴向拉伸(压缩)时杆件的内力称为_____,用符号_____表示,规定_____截面的轴力为正,反之为负。

3.求任一截面上的内力应用_____法,具体步骤如下:在欲求内力的_____上,假想地用一截面把杆件截分为_____,取其中_____为研究对象,列静力学_____,解出该截面内力的大小和方向。

4.截面法求轴力的简便方法:两个外力作用点之间各截面的轴力_____,任意截面的轴力等于该截面左侧(或右侧)杆上轴向外力的_____。

二、选择题

1.如图 3-16 所示,构件( )产生轴向拉伸变形;构件( )产生轴向压缩变形,构件( )不产生轴向拉伸(压缩)变形。

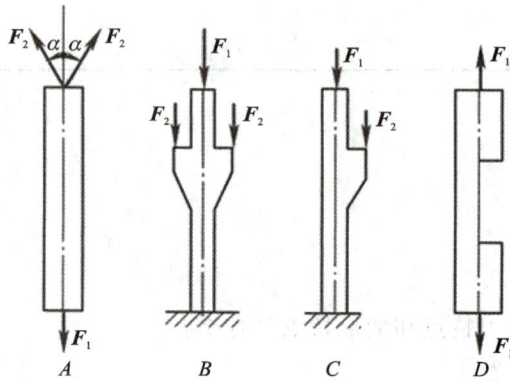

图 3-16

2.如图 3-17 所示,1—1 截面的轴力是( ),2—2 截面的轴力是( )。

A. 5 kN   B. 8 kN   C. 3 kN   D. −3 kN

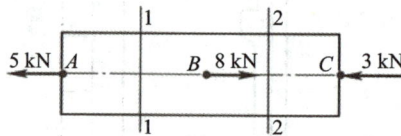

图 3-17

三、判断题

1.杆件两端受等值、反向、共线的一对外力作用,杆件一定产生的是轴向拉伸(压缩)变形。   (   )

2.截面法是材料力学求内力的普遍方法。   (   )

3.应用截面法求内力时,截面可以选在外力作用点处。   (   )

4.截面可以选在外力作用点($\Delta \to 0$)的临近处。   (   )

5.当杆件受轴向拉伸时,横截面轴力是指向截面的。   (   )

6.当杆件受轴向压缩时,横截面轴力是指向截面的。   (   )

四、作图与计算题

图 3-18 所示杆件受轴向外力作用,求指定截面的轴力并画轴力图。

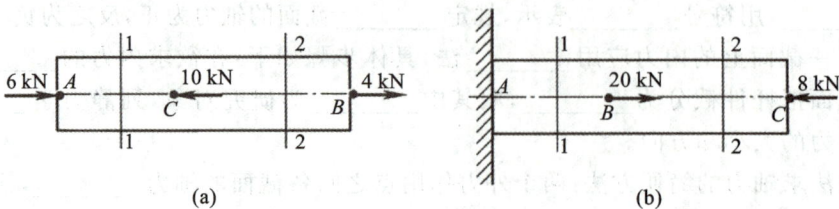

(a)   (b)

图 3-18

学习任务 2 计算轴向拉(压)杆横截面上的正应力

学习目标

1. 能叙述应力概念。
2. 能应用正应力计算公式计算轴向拉(压)杆横截面上的应力。
3. 能知道正应力在横截面上的分布规律。

任务描述

两根相同材质、相同长度、粗细不同的直杆如图 3-19 所示。如果施加等大的轴向外力，两根杆件的轴力都是拉力，大小为 P。根据经验，如果同时增大 P，细杆变形并先断。这是为什么呢？为什么所受轴力相同，但细杆先断呢？

可见，杆件的强度是否足够，不仅取决于内力的大小和材料的性能，还与杆件的横截面积有关。

实际上，在工程设计中，知道了杆件的内力，还不能解决杆件的强度问题。例如，两根材料相同而粗细不同的杆件承受相同的轴向拉力，随着拉力增加，细杆先被拉断，这是因为内力在较小面积上分布的密集程度大。由此可见，判断杆件的承载能力，还要进一步研究内力在横截面上分布的密集程度。

铰接支架如图 3-20 所示。AB 杆为直径 $d=16$ mm 的圆截面杆，BC 杆为边长 $a=100$ mm 的正方形截面杆，$P=15$ kN，试计算各杆横截面上的应力。

图 3-19

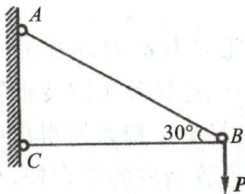

图 3-20

学习引导

本学习任务的脉络如图 3-21 所示。

利用平衡方程计算 AB、BC 两杆所受的轴力	→	列各杆正应力计算公式	→	计算各杆的正应力

图 3-21

相关知识

1. 应力的概念

内力在横截面上一点的分布集度称为应力,也就是单位面积上的分布内力。与截面垂直的应力称为正应力,用 σ 表示;与截面相切的应力称为剪应力,用 τ 表示,如图 3-22 所示。

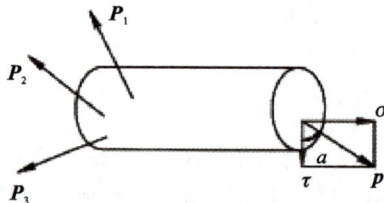

图 3-22

应力的单位有帕(Pa)、千帕(kPa)、兆帕(MPa)、吉帕(GPa)。
其换算关系如下:

$$1 \text{ Pa} = 1 \text{ N/m}^2$$
$$1 \text{ kPa} = 10^3 \text{ Pa}$$
$$1 \text{ MPa} = 1 \text{ N/mm}^2 = 10^6 \text{ Pa}$$
$$1 \text{ GPa} = 10^9 \text{ Pa}$$

2. 轴向拉(压)杆横截面上的正应力

要计算正应力 σ,必须知道分布内力在横截面上的分布规律。在材料力学中,通常采用的方法如下:通过试验观察变形情况,提出假设;由分布内力与变形的物理关系,得到应力的分布规律;由静力平衡条件得出应力计算公式。

取一根橡胶制成的等直杆,在它表面均匀地画上若干与轴线平行的纵线及与轴线垂直的横线,使杆件的表面形成许多大小相同的方格[图 3-23(a)];在两端施加一对轴向拉力 F [图 3-23(b)],可以观察到,所有小方格都变成了长方格,所有纵线都伸长了但仍相互平行,所有横线仍为直线且仍垂直于杆轴,只是间距增大了。

根据上述现象,我们可作如下假设。

①平面假设。若将各条横线看作一个个横截面,则杆件横截面在变形前是平面,变形后仍是平面且仍垂直于杆轴,只是沿杆轴向做了相对移动。

②设想杆件是由许多纵向纤维组成的,根据平面假设可知,任意两横截面之间所有纤维都伸长了相同的长度,即任意两横截面间各纵向纤维具有相同的变形。

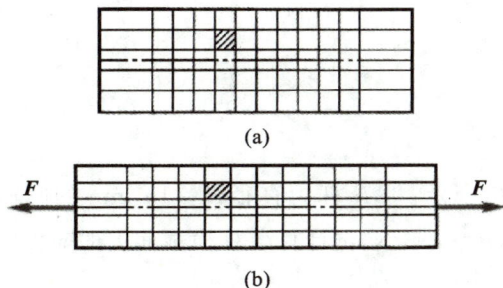

图 3-23

根据材料的连续、均匀假设,当变形相同时,受力也相同,横截面上的内力是均匀分布的且垂直于横截面,如图 3-24 所示。

结论:轴向拉伸时,杆件横截面上各点处产生沿横截面法线方向的应力,称为正应力,且大小相等。

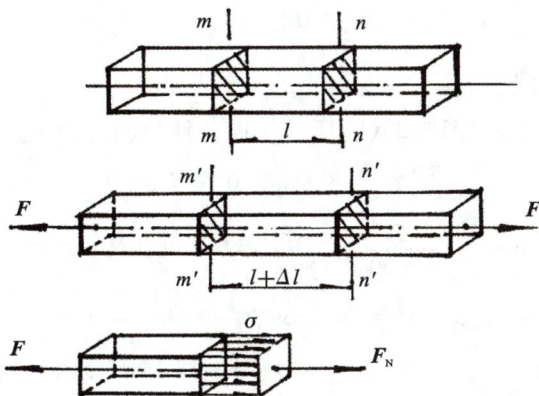

图 3-24

3. 应力计算公式

若用 A 表示杆件横截面面积,用 N 表示该横截面的轴力,等直杆轴向拉伸时横截面上的正应力计算公式为

$$\sigma = \frac{N}{A}$$

上式为拉(压)杆横截面上的正应力计算公式。

应该指出的是,在外力作用点附近,应力分布较复杂且非均匀分布。正应力计算公式适用于离外力作用点稍远处(大于截面尺寸)横截面上的正应力计算。

σ 的符号规定:正号表示拉应力,负号表示压应力。

注意:正应力计算公式必须符合下列两个条件:

①杆为等截面直杆;

②外力(或外力的合力)的作用线必须与杆轴线重合。

任务实施

（1）铰接支架如图 3-25 所示。AB 杆为直径 $d=16$ mm 的圆截面杆，BC 杆为边长 $a=100$ mm 的正方形截面杆，$P=15$ kN，试计算各杆横截面上的应力。

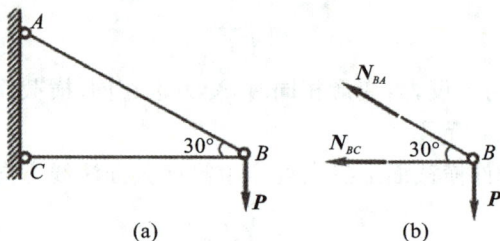

（a）　　　　　（b）

图 3-25

解：①计算各杆的轴力。

取节点 B 为研究对象，如图 3-25（b）所示。设各杆的轴力为拉力。

$$\sum Y = N_{BA}\sin 30° - P = 0$$

$$N_{BA} = \frac{P}{\sin 30°} = \frac{15}{0.5} \text{ kN} = 30 \text{ kN（拉力）}$$

$$\sum X = N_{BA}\cos 30° + N_{BC} = 0$$

$$N_{BC} = -N_{BA}\cos 30° = -26 \text{ kN（压力）}$$

②计算各杆的应力。

$$\sigma_{AB} = \frac{N_{BA}}{A_{BA}} = \frac{4\times30\times10^3}{3.14\times16^2} \text{ MPa} = 149.3 \text{ MPa（拉应力）}$$

$$\sigma_{BC} = \frac{N_{BC}}{A_{BC}} = \frac{-26\times10^3}{100\times100} \text{ MPa} = -2.6 \text{ MPa（压应力）}$$

（2）砖柱如图 3-26 所示。$a=24$ cm，$b=37$ cm，$l_1=3$ m，$l_2=4$ m，$P_1=50$ kN，$P_2=90$ kN，砖柱自重不计。试求砖柱各段的轴力及应力并绘制轴力图。

解：砖柱受轴向荷载作用，为轴向压缩。

①计算柱各段轴力。

AB 段的轴力为

$$N_1 = -P_1 = -50 \text{ kN（压力）}$$

BC 段的轴力为

$$N_2 = -P_1 - P_2 = (-50-90) \text{ kN} = -140 \text{ kN（压力）}$$

②画柱的轴力图[图 3-26（b）]。

③计算柱各段的应力。

AB 段：1—1 横截面上的轴力为压力，$N_1 = -50$ kN。

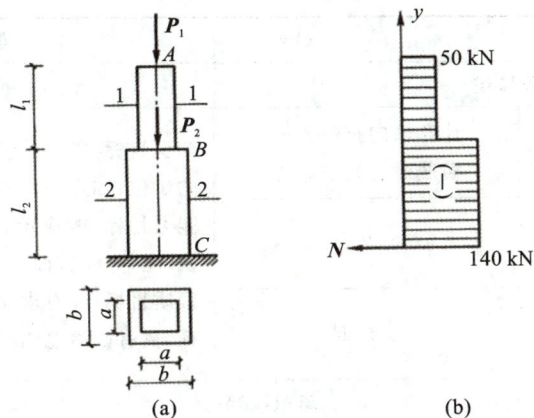

图 3-26

横截面面积 $A_1 = 240 \times 240 \ \text{mm}^2 = 5.76 \times 10^4 \ \text{mm}^2$, 则

$$\sigma_1 = \frac{N_1}{A_1} = -\frac{50 \times 10^3}{5.76 \times 10^4} \ \text{MPa} = -0.868 \ \text{MPa}（压应力）$$

BC 段:2—2 横截面上的轴力为压力,$N_2 = -140 \ \text{kN}$。

横截面面积 $A_2 = 370 \times 370 \ \text{mm}^2 = 1.369 \times 10^5 \ \text{mm}^2$, 则

$$\sigma_2 = \frac{N_2}{A_2} = -\frac{140 \times 10^3}{1.369 \times 10^5} \ \text{MPa} = -1.02 \ \text{MPa}（压应力）$$

(3)一中段正中开槽的直杆如图 3-27 所示。已知 $F = 20 \ \text{kN}$,$h = 25 \ \text{mm}$,$h_0 = 10 \ \text{mm}$,$b = 20 \ \text{mm}$。试求杆内的最大正应力。

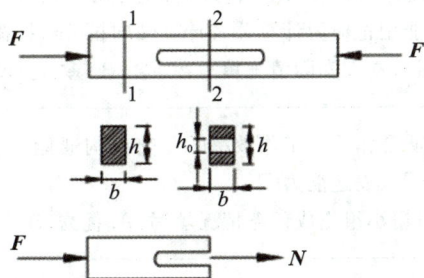

图 3-27

解:①计算轴力。

用截面法求得杆中各截面上的轴力为 $N = -F = -20 \ \text{kN}$。

②计算最大正应力。

由于杆上各截面的轴力相同,最大正应力在横截面面积最小处(开槽处)。

$$A = (h - h_0)b = (25 - 10) \times 20 \ \text{mm}^2 = 300 \ \text{mm}^2$$

$$\sigma = \frac{N}{A} = -\frac{20 \times 10^3}{300} \ \text{MPa} = -66.7 \ \text{MPa}$$

学习任务 2 工作页

班级		姓名		学号	
任务描述			预期目标		
任务名称	计算轴向拉(压)杆横截面上的正应力		知识目标:叙述应力概念、应力的分类、应力的单位;知道正应力在横截面上的分布规律。 能力目标:能应用正应力计算公式计算轴向拉(压)杆横截面上的应力。 素质目标:具有求知欲和刻苦学习、钻研的精神,具有归纳总结的能力		
任务编号	2				
知识类型	认知型				
知识认知					

看图并查阅资料,回答相关问题

图片	判断图示阶梯杆 AB、BC、CD 轴力是否相同、应力是否相同	求 AB、BC、CD 杆的轴力及应力
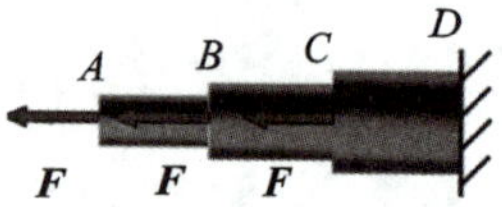		

学习效果评价反馈		
学生自评	1.知道应力的概念、分类、单位及其换算 □ 2.理解轴向拉(压)杆横截面上正应力的分布规律 □ 3.能用正应力计算公式计算轴向拉(压)杆横截面上的正应力 □ (根据本人实际情况填写:A.会;B.基本会;C.不会)	
学习小组评价	团队合作□ 工作效率□ 交流沟通能力□ 获取信息能力□ 写作能力□ 表达能力□ (根据小组完成任务情况填写:A.优秀;B.良好;C.合格;D.有待改进)	
教师评价		
个人总结与反思		

思考题

1.什么是内力? 计算内力的一般步骤是什么?

2.什么是应力？应力与内力的关系是什么？

3.对杆件的破坏起决定作用的因素是内力还是应力？

4.横截面面积、长度及轴力均相同，而材料不同的两根受拉杆件的内力、应力、轴向变形和应变是否相同？

5.对拉(压)杆来说，轴力最大的截面一定是危险截面吗？为什么？

6.图 3-28 所示截面中，不可以应用 $\sigma = N/A$ 的是哪个截面？

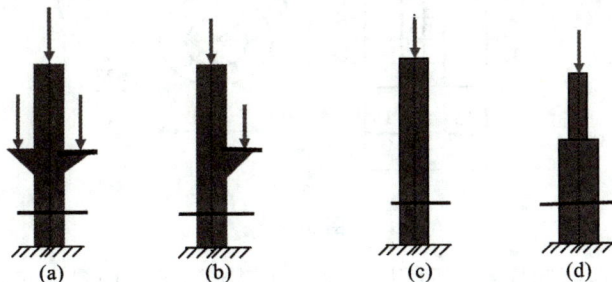

图 3-28

课后习题

一、填空题

1.应力是内力在截面上的_____，其单位为_____。我们通常把垂直于截面的应力称为_____应力，用符号_____表示。由于一般机械类工程构件尺寸较小，采用_____、_____、_____的工程单位换算较简便。

2.通过试验观察和平面假设可以推知，轴向拉(压)杆横截面上有_____于截面的_____应力且在截面上是_____分布的。

二、判断题

1.无论是拉杆还是压杆，应力都垂直于横截面且在截面上是均匀分布的。　　　　（　　）

2.截面应力的符号规定与截面轴力的符号规定是一致的。　　　　　　　　　　（　　）

三、计算题

1.如图 3-29 所示，一阶梯杆受轴向力作用，$F_1 = 25$ kN，$F_2 = 40$ kN，$F_3 = 15$ kN，杆的各段截面面积为 $A_1 = A_3 = 400$ mm^2、$A_2 = 250$ mm^2。试求杆的各段横截面上的正应力。

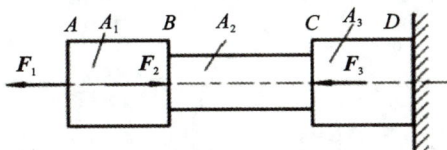

图 3-29

2. 某零件的尺寸如图 3-30 所示。拉力 $F = 40$ kN。试求此零件的最大拉应力。

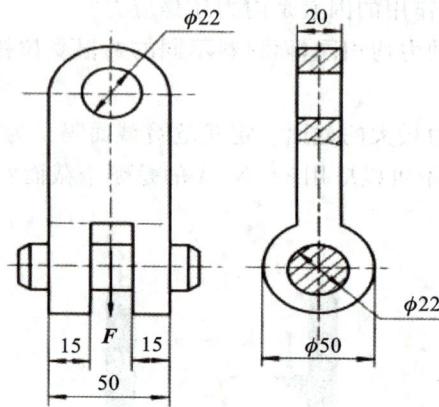

图 3-30

3. 如图 3-31 所示,已知横截面面积 $A = 1 \times 10^{-4}$ m²,求杆内最大正应力。

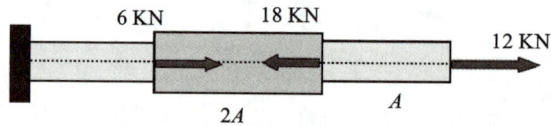

图 3-31

4. 如图 3-32 所示,直径 $D = 20$ mm 的圆钢杆上有一铣槽,铣槽近似矩形。在力($F = 15$ kN)的作用下,求 1、2 截面处的应力。

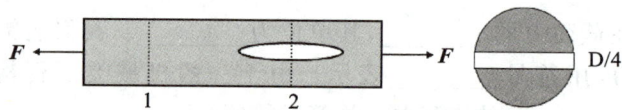

图 3-32

学习任务 3　轴向拉(压)杆的强度计算

学习目标

1. 能叙述安全系数和许用应力的概念。
2. 能描述轴向拉(压)杆的强度条件。
3. 能计算轴向拉(压)杆的强度问题。

任务描述

某轴心受压柱的基础如图 3-33 所示。已知轴心压力 $N=490$ kN,基础埋深 $H=1.8$ m,基础和土的平均重度 $\gamma=19.6$ kN/m³,地基土的许用压力 $[R]=196$ kPa,试计算基础所需底面积。

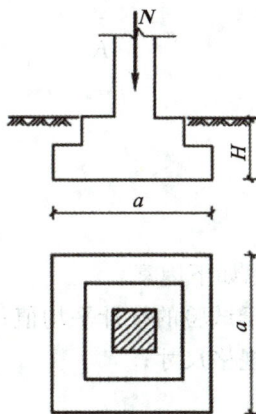

图 3-33

学习引导

本学习任务的脉络如图 3-34 所示。

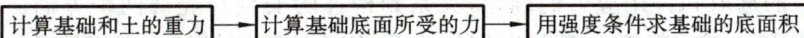

计算基础和土的重力 → 计算基础底面所受的力 → 用强度条件求基础的底面积

图 3-34

相关知识

1. 许用应力与安全系数

任何一种构件材料都存在一个能承受应力的固有极限,称为极限应力,用σ°表示。杆内的应力达到此值时,杆件即破坏。塑性材料达到屈服极限σ_s时,将出现显著的塑性变形;脆性材料达到强度极限σ_b时,会引起断裂。构件工作时发生断裂或显著塑性变形都是不容许的,所以,塑性材料以屈服极限为极限应力($\sigma^\circ = \sigma_s$),脆性材料以强度极限为极限应力($\sigma^\circ = \sigma_b$)。

1)许用应力

为了保证构件能正常地工作,必须使构件工作时产生的实际应力不超过材料的极限应力。因实际构件的工作条件受许多外界因素及材料本身性质影响,必须把工作应力限制在更小的范围,构件在使用时又必须留有一定的安全储备,因此,将极限应力σ°缩小$\frac{1}{K}$后的应力作为衡量材料承载能力的依据,该应力是保证构件安全、正常工作所允许承受的最大应力,称为许用应力,用$[\sigma]$表示,即

$$[\sigma] = \frac{\sigma^\circ}{K}$$

式中:$[\sigma]$——材料的许用应力;

σ°——材料的极限应力;

K——安全系数,$K > 1$。

2)安全系数

安全系数K的选择,主要应考虑如下因素:

①实际材料的极限应力可能低于试验的统计平均值;

②横截面的实际尺寸可能小于规格尺寸;

③实际荷载可能超过标准荷载;

④计算简图忽略了实际结构的次要因素。

塑性材料的许用应力为

$$[\sigma] = \frac{\sigma_s}{K_s} \ (K_s = 1.4 \sim 1.7)$$

脆性材料的许用应力为

$$[\sigma] = \frac{\sigma_b}{K_b} \ (K_b = 2.5 \sim 3.0)$$

许用应力$[\sigma]$是强度计算中的重要指标,其值取决于极限应力及安全系数K。

安全系数的选取和许用应力的确定,关系到构件的安全与经济两个方面。这两个方面往往是相互矛盾的,应该正确处理好它们的关系,片面地强调任何一方面都是不妥的。如果片面地强调安全,采用的安全系数过大,不仅浪费材料,而且会使设计的构件变得笨重;相

反,如果片面地强调经济,采用的安全系数过小,则不能保证构件安全,甚至会造成事故。

除此之外,构件在使用过程中可能遇到意外事故和其他不利的工作条件,需根据构件的重要性和事故产生后果的严重性,以及安全系数的形式建立必要的储备。

2. 轴向拉(压)杆的正应力强度条件

轴向拉(压)杆横截面上的正应力是拉(压)杆工作时由荷载引起的应力,称为工作应力。为了保证构件安全可靠地工作,必须使构件的最大工作应力不超过材料的许用应力,即

$$\sigma_{max} = \frac{N_{max}}{A} \leqslant [\sigma]$$

式中:σ_{max}——最大工作应力;

N_{max}——构件横截面上的最大轴力;

A——构件的横截面面积;

$[\sigma]$——材料的许用应力。

对于等直杆,轴力最大的截面就是危险截面;对于轴力不变、截面变化的直杆,截面积最小的截面就是危险截面。危险截面处的应力为最大工作应力,应找出最大工作应力及其对应的截面进行强度计算。

3. 强度条件的应用

强度条件可用于解决工程实际中有关构件强度的三类问题。

1)强度校核

已知构件的材料、横截面尺寸和所受荷载,可用强度条件校核构件是否安全。在工程计算中,准许最大工作应力略大于许用应力,一般不超过许用应力的105%。

2)设计截面尺寸

已知构件承受的荷载及所用材料,要求确定构件横截面尺寸,可以将强度条件改写为

$$A \geqslant \frac{N_{max}}{[\sigma]}$$

算出所需的最小横截面面积后,可根据截面形状确定其尺寸或查型钢表确定型钢的型号。

3)确定许可荷载

已知构件的受力形式,材料,横截面形状、尺寸,可按强度条件确定构件能承受的最大荷载,然后计算允许承受的最大荷载。强度公式可改写为

$$N_{max} \leqslant A \cdot [\sigma]$$

任务实施

(1)某轴心受压柱的基础如图 3-35 所示。轴心压力 $N = 490$ kN,基础埋深 $H = 1.8$ m,基础和土的平均重度 $\gamma = 19.6$ kN/m³,地基土的许用压力 $[R] = 196$ kPa,试计算基础所需底面积。

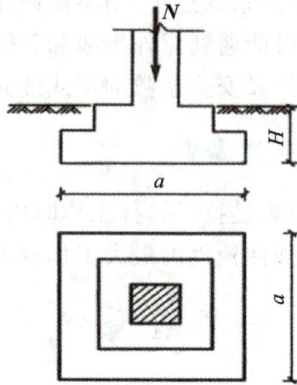

图 3-35

解：基础底面承受的压力为柱子传来的压力和基础的自重，自重 $G = \gamma HA$ 。

根据强度条件列式：

$$\sigma = \frac{N+G}{A} \leqslant [R]$$

化解得

$$\frac{N}{A} + \gamma H \leqslant [R]$$

基础所需面积为

$$A \geqslant \frac{N}{[R]-\gamma H} = \frac{490 \times 10^3}{196 \times 10^{-3} - 19.6 \times 1.8 \times 10^{-3}} \ \text{mm}^2 = 3.1 \times 10^6 \ \text{mm}^2$$

若采用正方形基础，基础的底边长为

$$a = \sqrt{A} = \sqrt{3.10 \times 10^6} \ \text{mm} = 1760 \ \text{mm}$$

所以，取 $a = 180 \ \text{cm}$。

(2)简单支架 BAC 的受力情况如图 3-36(a)所示。已知 $F = 18 \ \text{kN}$，$\alpha = 30°$，$\beta = 45°$，AB 杆的横截面面积为 $300 \ \text{mm}^2$，AC 杆的横截面面积为 $350 \ \text{mm}^2$。试求各杆横截面上的拉应力。若两杆的许用应力 $[\sigma] = 160 \ \text{MPa}$，校核两杆的拉伸强度。

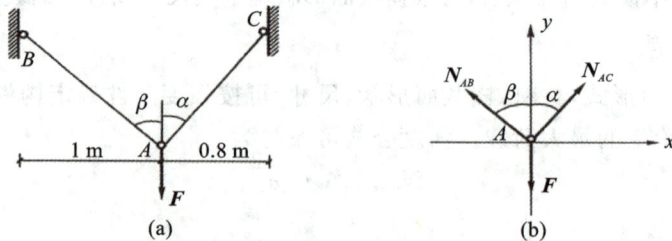

图 3-36

解：①取结点 A 为研究对象，画受力图，如图 3-36(b)所示。

列平衡方程求出 AB 杆和 AC 杆的内力。

$$\sum Y = N_{AB}\cos 45° + N_{AC}\cos 30° - F = 0$$

$$\sum X = N_{AB}\sin 45° - N_{AC}\sin 30° = 0$$

$$N_{AB} = 9.32 \ \text{kN}$$

$$N_{AC} = 13.18 \text{ kN}$$

②根据正应力计算公式求正应力。

$$\sigma_{AB} = \frac{N_{AB}}{A_{AB}} = \frac{9320}{300} \text{ MPa} = 31.07 \text{ MPa}$$

$$\sigma_{AC} = \frac{N_{AC}}{A_{AC}} = \frac{13180}{350} \text{ MPa} = 37.66 \text{ MPa}$$

③根据强度条件校核。

$$\sigma_{AB} \leqslant [\sigma]$$

$$\sigma_{AC} \leqslant [\sigma]$$

因此,两杆的拉伸强度满足要求。

(3)三角形托架如图 3-37 所示。AB 为钢杆,其横截面面积 $A_1 = 400 \text{ mm}^2$,许用应力$[\sigma_1]$ $= 170 \text{ MPa}$;BC 杆为木杆,其横截面面积 $A_2 = 10000 \text{ mm}^2$,许用应力$[\sigma_2] = 10 \text{ MPa}$。试求荷载 P 的最大值。

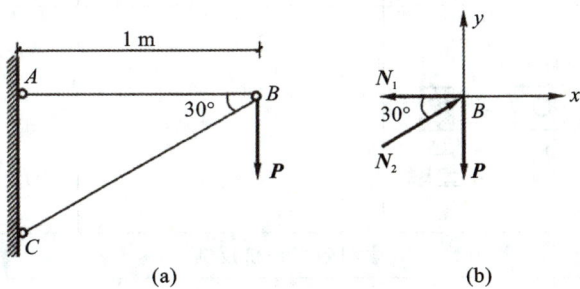

(a)　　　　　　　　　　　　(b)

图 3-37

解:①求两杆的轴力与荷载的关系。取节点 B 为研究对象[图 3-37(b)]。

$$\sum Y = N_2 \sin 30° - P = 0$$

$$N_2 = \frac{P}{\sin 30°} = 2P \text{ (压力)}$$

$$\sum X = N_2 \cos 30° - N_1 = 0$$

$$N_1 = N_2 \cos 30° = 2P \times \frac{\sqrt{3}}{2} = \sqrt{3}P \text{ (拉力)}$$

②计算许可荷载。

$$N_{\max} \leqslant [\sigma]A$$

根据 AB 杆的许可荷载得

$$N_1 = \sqrt{3}P \leqslant A_1[\sigma_1]$$

$$P \leqslant \frac{A_1[\sigma_1]}{\sqrt{3}} = \frac{400 \times 170}{\sqrt{3}} \text{ N} = 39.3 \text{ kN}$$

根据 BC 杆的许可荷载得

$$N_2 = 2P \leqslant A_2[\sigma_2]$$

$$P \leqslant \frac{A_2[\sigma_2]}{2} = \frac{10000 \times 10}{2} \text{ N} = 50 \text{ kN}$$

为了保证两杆都能安全地工作,荷载 P 的最大值为 $P_{\max} = 39.3 \text{ kN}$。

学习任务 3 工作页

班级		姓名		学号	
任务描述			预期目标		
任务名称	轴向拉(压)杆的轴力图		知识目标:叙述安全系数和许用应力的概念;描述轴向拉(压)杆的强度条件。		
任务编号	3		能力目标:能利用拉(压)杆的强度条件,对杆件进行强度校核,确定杆件的最小横截面尺寸,确定杆件能承受的最大荷载。		
知识类型	认知型		素质目标:具有求知欲和刻苦学习、钻研的精神,具有归纳总结的能力		

知识认知		
看图并查阅资料,回答相关问题		
图片	判断哪个截面是最危险截面	判断杆件是否安全

学习效果评价反馈	
学生自评	1.能叙述安全系数和许用应力的概念 □ 2.能说出轴向拉(压)杆的强度条件 □ 3.会判断杆件的最危险截面 □ (根据本人实际情况填写:A.会;B.基本会;C.不会)
学习小组评价	团队合作□ 工作效率□ 交流沟通能力□ 获取信息能力□ 写作能力□ 表达能力□ (根据小组完成任务情况填写:A.优秀;B.良好;C.合格;D.有待改进)
教师评价	
个人总结与反思	

思考题

1.什么是极限应力?

2.什么是许用应力?

3.极限应力和许用应力有什么关系?

4.安全系数的选取要考虑哪些因素?

5.塑性材料的极限应力如何表示?

6.脆性材料的极限应力如何表示?

课后习题

1.起重吊钩的上端用螺母固定,如图 3-38 所示。若吊钩螺栓柱内径 $d=55$ mm、外径 $D=63.5$ mm,材料许用应力 $[\sigma]=80$ MPa,试校核吊钩起吊重物($P=170$ kN)时螺栓的强度。

图 3-38

2.图 3-39 所示杆件作用有轴向外力。杆件截面 $A=200$ mm²,$[\sigma]=160$ MPa,求杆件各段截面的应力并校核杆件的强度。

3.如图 3-40 所示,杆件 AB、AC 铰接于 A。已知悬吊重物 $G=17\pi$ kN,杆件材料的许用应力$[\sigma]=170$ MPa,试设计杆件 AB、AC 的截面直径。

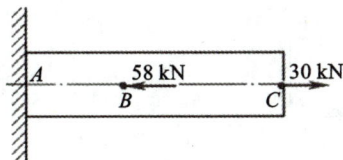

图 3-39

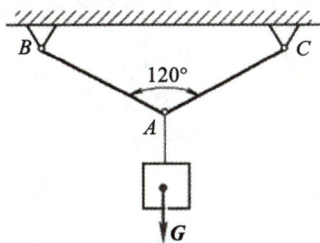

图 3-40

4.某载物木箱自重 5 kN,用绳索吊起,如图 3-41 所示。试计算每根吊索所受的力。如果吊索用麻绳,试选择麻绳的直径。麻绳的许用应力如表 3-1 所示。

表 3-1

麻绳直径/mm	20	22	25	29
许用应力/N	3200	3700	4500	5200

5.某矩形截面木杆的两端的截面被圆孔削弱,中间的截面被两个切口削弱,如图 3-42 所示。若 $[\sigma]=7$ MPa,试验算在承受拉力($P=70$ kN)时杆是否安全。

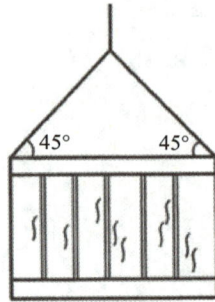

图 3-41

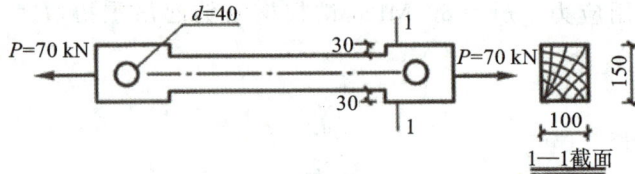

图 3-42(尺寸单位:mm)

6.钢木桁架如图 3-43 所示。集中荷载 $P=16$ kN。杆 DI 为钢杆,钢的许用应力$[\sigma]=$ 170 MPa。试选择 DI 杆的直径 d。

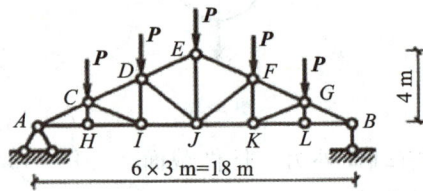

图 3-43

7.如图 3-44 所示,起重机的 BC 杆由钢丝绳 AB 拉住,钢丝绳直径 $d=26$ mm,$[\sigma]=$ 162 MPa,试求起重机的最大起重力。

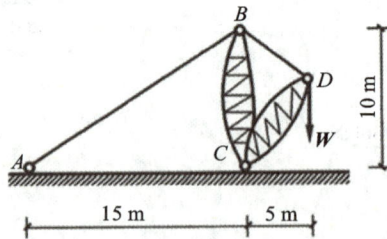

图 3-44

8.圆截面拉杆上有一个槽,如图 3-45 所示。已知杆径 $d=20$ mm,$[\sigma]=170$ MPa,确定该拉杆的许可荷载$[F]$。提示:槽的横截面面积近似按矩形计算。

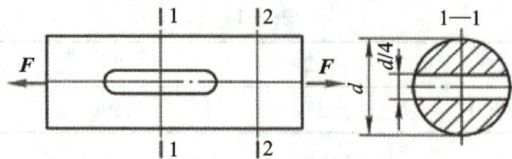

图 3-45

学习任务 4　轴向拉(压)杆的变形计算

学习目标

1.能叙述轴向拉(压)杆的变形、应变、弹性模量、泊松比的概念。
2.会应用胡克定律计算轴向拉(压)杆的变形量。

任务描述

在工程计算中,我们不仅要校核杆件的强度,还要计算杆件在受力过程中的变形量。计算变形量的目的有两个:一个目的是分析拉(压)杆的刚度问题;另一个目的是为解决超静定问题做准备,因为超静定结构必须借助根据结构的变形协调关系建立的补充方程才能求出全部未知力。

如图 3-46 所示短柱承受荷载,$P_1 = 580$ kN,$P_2 = 660$ kN。短柱上面部分的长度 $l_1 = 0.6$ m,截面为正方形(边长为 70 mm);下面部分的长度 $l_2 = 0.7$ m,截面也为正方形(边长为 120 mm)。短柱所用材料的弹性模量 $E = 200$ GPa。试求短柱顶面的位移。

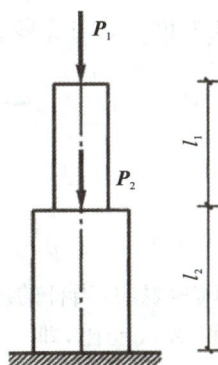

图 3-46

学习引导

本学习任务的脉络如图 3-47 所示。

用截面法计算各段横截面上的轴力 → 用胡克定律计算各段的变形量 → 计算各段位移的代数和

图 3-47

相关知识

拉(压)杆受轴力作用时,会沿杆件轴向伸长(或缩短),称为纵向变形;同时杆的横向尺寸将减小(或增大),称为横向变形,如图 3-48 所示。

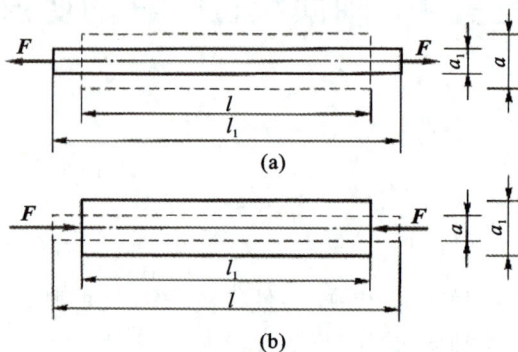

图 3-48

1. 线变形、线应变、胡克定律

如图 3-49 所示,设杆件原长为 l,受轴向拉力 P 作用,变形后的长度为 l_1,则杆件的纵向变形为

$$\Delta l = l_1 - l$$

纵向变形 Δl 又称为线变形(或绝对变形)。拉伸时,纵向变形 Δl 为正;压缩时,纵向变形 Δl 为负。纵向变形 Δl 的单位是 m 或 mm。

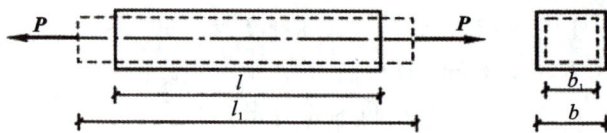

图 3-49

试验表明,当杆的应力未超过某一限度,纵向变形 Δl 与外力 P 和杆长 l 成正比,与横截面面积 A 成反比,即

$$\Delta l \propto \frac{Pl}{A}$$

引入比例系数 E,由于 $P = N$,比例关系可写为

$$\Delta l = \frac{Nl}{EA}$$

上式为胡克定律的数学表达式,表明当应力不超过某一限度(比例极限)时,纵向变形与轴力及杆长成正比,与横截面面积成反比。

比例系数 E 称为材料的弹性模量,它与材料的性质有关,是衡量材料抵抗变形能力的一个指标。各种材料的 E 由试验测定,其单位与应力的单位相同。EA 称为杆件的抗拉(压)刚度,它反映了杆件抵抗拉伸(压缩)变形的能力。对于长度相同、受力相等的杆件,EA 越大,变形 Δl 就越小;EA 越小,变形 Δl 就越大。

由胡克定律的数学表达式可以看出,杆件的线变形 Δl 与杆件的原始长度 l 有关。为了消除杆件原长 l 的影响,更确切地反映材料的变形程度,将 Δl 除以杆件的原长 l,用单位长度的变形来表示,即

$$\varepsilon = \frac{\Delta l}{l}$$

ε 称为相对变形或线应变,是一个无单位的量。拉伸时,Δl 为正值,ε 也为正值;压缩时,Δl 为负值,ε 也为负值。

若将胡克定律的数学表达式改写为

$$\frac{\Delta l}{l} = \frac{1}{E} \times \frac{N}{A}$$

并将 $\varepsilon = \dfrac{\Delta l}{l}$、$\sigma = \dfrac{N}{A}$ 这两个关系式代入,可得胡克定律的另一种表达形式:

$$\sigma = E\varepsilon$$

上式表明,应力不超过比例极限时,应力与应变成正比。

应用胡克定律应特别注意以下问题:

①胡克定律只适用于杆内应力未超过某一限度的情况,此限度称为比例极限;

②当用于计算变形时,在杆长 l 内,轴力 N、材料弹性模量 E 及截面面积 A 都应是常数,否则要分段计算。

2. 横向变形、泊松比

拉(压)杆产生纵向变形时,也会产生横向变形。图 3-49 中的拉杆的原横向尺寸为 b,拉伸后变为 b_1,则横向尺寸改变量为

$$\Delta b = b_1 - b$$

横向应变 ε' 为

$$\varepsilon' = \frac{\Delta b}{b}$$

拉伸时,Δb 为负值,ε' 也为负值;压缩时,Δb 为正值,ε' 也为正值。拉伸和压缩时,纵向应变与横向应变的符号总是相反的。

试验表明,杆的横向应变与纵向应变存在着一定的关系。在弹性范围内,横向应变与纵向应变的比值的绝对值是一个常数,用 μ 表示,即

$$\mu = \left| \frac{\varepsilon'}{\varepsilon} \right|$$

μ 称为泊松比或横向变形系数,其值可通过试验确定。由于 ε 与 ε' 的符号恒为异号,故有

$$\varepsilon' = -\mu\varepsilon$$

弹性模量 E 和泊松比 μ 都是反映材料弹性性能的常数。表 3-2 所列为常用材料的 E、μ。

表 3-2

材料名称	弹性模量/GPa	泊松比	材料名称	弹性模量/GPa	泊松比
碳钢	200~220	0.25~0.33	16 锰钢	200~220	0.25~0.33
铸铁	115~160	0.23~0.27	铜及其合金	74~130	0.31~0.42
铝及硬铝合金	71	0.33	花岗石	49	
混凝土	14.6~36	0.16~0.18	木材(顺纹)	10~12	
橡胶	0.008	0.47			

任务实施

(1)短柱如图 3-50 所示。短柱承受荷载，$P_1=580$ kN，$P_2=660$ kN。短柱上面部分的长度 $l_1=0.6$ m，截面为正方形（边长为 70 mm）；下面部分的长度 $l_2=0.7$ m，截面也为正方形（边长为 120 mm）。短柱所用材料的弹性模量 $E=200$ GPa，试求：①短柱顶面的位移；②上面部分的线应变和下面部分的线应变之比。

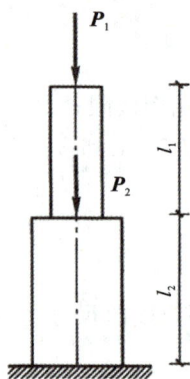

图 3-50

解：①计算短柱顶面的位移。

$$\Delta l_1 = \frac{N_1 l_1}{EA_1} = \frac{580 \times 600}{200 \times 70^2} \text{ mm} = 0.355 \text{ mm}$$

$$\Delta l_2 = \frac{N_2 l_2}{EA_2} = \frac{(580+660) \times 700}{200 \times 120^2} \text{ mm} = 0.301 \text{ mm}$$

短柱顶面的总位移为

$$\Delta l = \Delta l_1 + \Delta l_2 = (0.355+0.301) \text{ mm} = 0.656 \text{ mm}$$

②计算上、下两部分线应变之比。

$$\varepsilon_1 = \frac{\Delta l_1}{l_1} = \frac{0.355}{600} = 5.917 \times 10^{-4}$$

$$\varepsilon_2 = \frac{\Delta l_2}{l_2} = \frac{0.301}{700} = 4.3 \times 10^{-4}$$

$$\frac{\varepsilon_1}{\varepsilon_2} = \frac{5.917 \times 10^{-4}}{4.3 \times 10^{-4}} = 1.376$$

(2)钢制阶梯杆如图 3-51 所示。已知 $P_1=50$ kN，$P_2=20$ kN，杆长 $l_1=120$ mm，$l_2=l_3=100$ mm，横截面面积 $A_1=A_2=500$ mm²，$A_3=250$ mm²，弹性模量 $E=200$ GPa。试求杆各段的纵向变形、线应变和 B 处截面的位移。

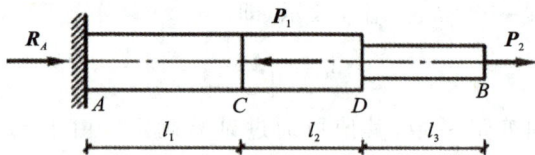

图 3-51

解：①计算杆各段的轴力。

$$N_1 = N_{AC} = (20-50) \text{ kN} = -30 \text{ kN （压力）}$$

$$N_2 = N_{CD} = 20 \text{ kN （拉力）}$$

$$N_3 = N_{DB} = 20 \text{ kN}$$

②计算杆各段的纵向变形。

$$\Delta l_1 = \frac{N_1 l_1}{E_1 A_1} = -\frac{30 \times 10^3 \times 120}{200 \times 10^3 \times 500} \text{ mm} = -0.036 \text{ mm}$$

$$\Delta l_2 = \frac{N_2 l_2}{E_2 A_2} = \frac{20 \times 10^3 \times 100}{200 \times 10^3 \times 500} \text{ mm} = 0.02 \text{ mm}$$

$$\Delta l_3 = \frac{N_3 l_3}{E_3 A_3} = \frac{20 \times 10^3 \times 100}{200 \times 10^3 \times 250} \text{ mm} = 0.04 \text{ mm}$$

③求 B 处截面的位移。B 处截面的位移为杆的总变形量 Δl_{AB}，它等于杆各段变形量的代数和。

$$\Delta l_{AB} = \Delta l_1 + \Delta l_2 + \Delta l_3 = (-0.036 + 0.02 + 0.04) \text{ mm} = 0.024 \text{ mm}$$

④计算杆各段的线应变。

$$\varepsilon_1 = \frac{\Delta l_1}{l_1} = -\frac{0.036}{120} = -3.0 \times 10^{-4}$$

$$\varepsilon_2 = \frac{\Delta l_2}{l_2} = \frac{0.02}{100} = 2.0 \times 10^{-4}$$

$$\varepsilon_3 = \frac{\Delta l_3}{l_3} = \frac{0.04}{100} = 4.0 \times 10^{-4}$$

本题也可根据每段杆的轴力，由公式 $\sigma = \dfrac{N}{A}$ 计算出相应的应力，再由公式 $\varepsilon = \dfrac{\sigma}{E}$ 和 $\Delta l = \varepsilon \times l$ 计算出各段杆的应变和纵向变形。

以 AC 段为例进行计算。

$$\sigma_1 = \frac{N_1}{A_1} = -\frac{30 \times 10^3}{500} \text{ MPa} = -60 \text{ MPa}$$

$$\varepsilon_1 = \frac{\sigma_1}{E_1} = -\frac{60}{200 \times 10^3} = -3.0 \times 10^{-4}$$

$$\Delta l_1 = \varepsilon_1 \times l_1 = -3.0 \times 10^{-4} \times 120 \text{ mm} = -0.036 \text{ mm}$$

所得结果与前面解法的结果相同。

(3)连接螺栓如图 3-52 所示。内径 $d_1 = 15.3$ mm，被连接部分的总长度 $l = 54$ mm，拧紧时螺栓 AB 段的变形 $\Delta l = 0.04$ mm。钢的弹性模量 $E = 200$ GPa，泊松比 $\mu = 0.3$。试求螺栓横截面上的正应力及螺栓的横向变形。

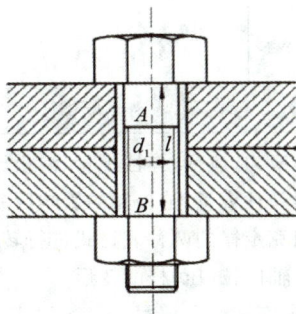

图 3-52

解： 根据 $\varepsilon = \dfrac{\Delta l}{l}$ 得螺栓的纵向变形为

$$\varepsilon = \frac{\Delta l}{l} = \frac{0.04}{54} = 7.41 \times 10^{-4}$$

将所得 ε 代入式 $\sigma = E\varepsilon$ 得螺栓横截面上的正应力为

$$\sigma = E\varepsilon = 200 \times 10^3 \times 7.41 \times 10^{-4} \text{ MPa} = 148.2 \text{ MPa}$$

螺栓的横向应变为

$$\varepsilon_1 = -\mu\varepsilon = -0.3 \times 7.41 \times 10^{-4} = -2.223 \times 10^{-4}$$

螺栓的横向变形为

$$\Delta d = \varepsilon_1 d_1 = -2.223 \times 10^{-4} \times 15.3 \text{ mm} = -0.0034 \text{ mm}$$

学习任务 4 工作页

班级		姓名		学号	
任务描述				**预期目标**	
任务名称	轴向拉(压)杆的变形计算		知识目标:叙述轴向拉(压)杆的变形、应变、弹性模量、泊松比的概念。		
任务编号	4		能力目标:会应用胡克定律计算轴向拉(压)杆的变形量。		
知识类型	认知型		素质目标:具有求知欲和刻苦学习、钻研的精神,具有归纳总结的能力		

知识认知		
看图并查阅资料,回答相关问题		
图片	计算阶梯杆的纵向变形要注意什么	求图示阶梯杆的纵向变形
图片	应力和变形与哪些因素有关	图示钢制杆和铝制杆的应力、变形是否相同

学习效果评价反馈		
学生自评	1.能叙述应力、应变、弹性模量、泊松比的概念 □ 2.能理解弹性模量、泊松比的影响因素 □ 3.会对胡克定律的两种表达式进行转化 □ 4.会计算轴向拉(压)杆的变形 □ (根据本人实际情况填写:A.会;B.基本会;C.不会))	
学习小组评价	团队合作□ 工作效率□ 交流沟通能力□ 获取信息能力□ 写作能力□ 表达能力□ (根据小组完成任务情况填写:A.优秀;B.良好;C.合格;D.有待改进)	
教师评价		
个人总结与反思		

思考题

1. 什么是线变形、线应变?
2. 什么是横向变形、横向应变?
3. 线应变和横向应变的关系是什么?
4. 什么是弹性模量? 如何确定弹性模量?
5. 弹性模量与哪些因素有关?
6. 如何规定线应变和横向应变的符号?
7. 胡克定律的适用条件是什么?

课后习题

一、填空题

1. 杆件纵向的变形量称为_____;杆件纵向单位长度的伸长量称为_____,也称为_____,用符号_____表示。

2. 胡克定律表明,在弹性范围内,拉(压)杆产生的绝对变形与杆截面的轴力成_____,与杆件长度成_____,与杆件截面面积成_____。比例系数称为_____,用符号_____表示。

3. 由胡克定律可知,作用于杆件横截面上的应力,与该截面处产生的_____成正比,其表达式为_____。

4. 由胡克定律可知,材料的 E 越大,相同外力作用下,同杆长、同截面杆件的变形就越_____,杆件抵抗变形的能力就越_____,因此把杆件的弹性模量 E 与截面面积 A 的乘积称为杆件的_____。

二、选择题

1. 在弹性范围内,杆件的变形与(　　)有关;杆件的刚度与(　　)有关;杆件的应力与(　　)有关。

A. 弹性模量　　　B. 截面面积　　　C. 杆长　　　　D. 外力

2. 如图 3-53 所示,两个圆截面杆件的材料相同,受力 F 作用,在弹性范围内杆 I 的变形(　　)。

A. 是杆 II 的变形的 2 倍　　　B. 小于杆 II 的变形
C. 是杆 II 的变形的 2.5 倍　　　D. 等于杆 II 的变形

三、判断题

1. 材料相同的两个拉杆的绝对变形相同,则相对变形一定相同。　　　(　　)
2. 不同材料的两个拉杆的轴向应变相同,则横向应变相同。　　　(　　)

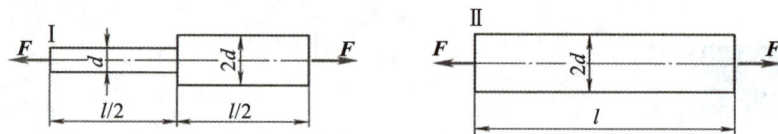

图 3-53

3.不同材料的两个拉杆的轴向应变相同,则横截面应力也相同。　　　　　（　）

四、计算题

1.杆件受力情况如图 3-54 所示。已知直杆截面面积 $A=300\ \text{mm}^2$,杆长 $l=100\ \text{mm}$,材料的弹性模量 $E=200\ \text{GPa}$,求杆的伸长量 Δl。

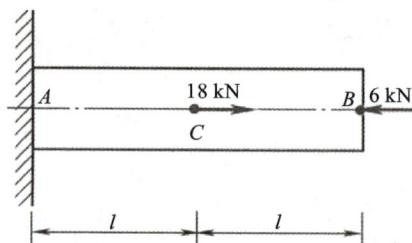

图 3-54

2.拉杆矩形截面如图 3-55 所示。$b=40\ \text{mm}$,$h=50\ \text{mm}$,$E=200\ \text{GPa}$,弹性范围内测得杆纵向应变 $\varepsilon=20\times10^{-5}$。试求:①杆横截面的应力;②作用于杆件的外力 F;③杆长 $l=1$ m 时杆件的伸长量。

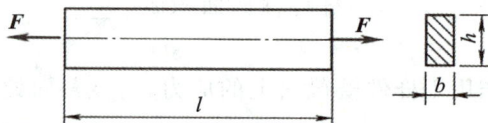

图 3-55

3.结构受力情况如图 3-56 所示。杆 1 为钢杆,$A_1=200\ \text{mm}^2$,$E_1=200\ \text{GPa}$;杆 2 为铜杆,$A_2=400\ \text{mm}^2$,$E_2=100\ \text{GPa}$。横杆 AB 的变形和自重不计。①荷载加在何处可以使 AB 杆保持水平? ②若 $F=30\ \text{kN}$,分别求两杆横截面的应力。

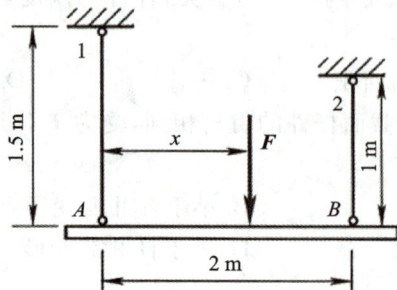

图 3-56

学习任务 5　金属材料拉伸与压缩试验

学习目标

1. 能进行低碳钢的拉伸试验。
2. 能进行铸铁的拉伸与压缩试验。
3. 能绘制应力-应变图,能叙述比例极限、弹性极限、屈服极限、强度极限、伸长率及冷作硬化的概念。
4. 能比较塑性材料和脆性材料的力学性能。
5. 会解释应力集中现象。

任务描述

在力学试验室完成低碳钢的拉伸试验和铸铁的拉伸与压缩试验.观察试验现象,记录试验数据,填写试验报告书。

学习引导

本学习任务的脉络如图 3-57 所示。

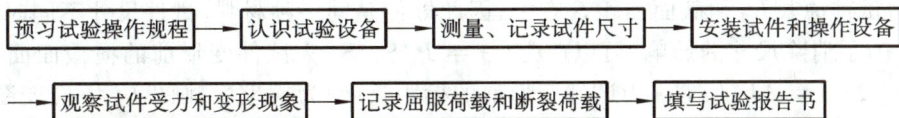

预习试验操作规程 → 认识试验设备 → 测量、记录试件尺寸 → 安装试件和操作设备 → 观察试件受力和变形现象 → 记录屈服荷载和断裂荷载 → 填写试验报告书

图 3-57

相关知识

要判断构件会不会破坏,要计算杆件的强度和变形。杆件的强度和变形不仅与应力有关,还与材料本身的力学性能有关。因此,对工程中使用的材料的力学性能做进一步的分析是非常必要的。材料的力学性能是指材料在受力和变形过程中具有的特性指标,它是材料

固有的特性,通过试验获得。

前文在介绍强度、变形计算时涉及的许用应力、弹性模量、泊松比都属于材料的力学性质。材料的力学性质是指材料受力时,力与变形的关系表现出来的性能指标。材料的力学性质是根据材料的拉伸、压缩试验来测定的。

材料的力学性质不仅与材料自身的性质有关,还与荷载的类别(恒载、活载)、温度条件(常温、低温、高温),以及加载速度等因素有关。材料种类繁多,我们不可能也不必对每种材料在不同条件下的性质进行研究。根据试样在拉断时塑性变形的大小,材料分为塑性材料和脆性材料。脆性材料拉断时的塑性变形很小,如石料、铸铁、混凝土等;塑性材料拉断时具有较大的塑性变形,如低碳钢、合金钢、铜、铅等。这两类材料的力学性能有明显的差别。下面主要以工程中常用的低碳钢和铸铁这两种最具代表性的材料为例,研究它们在常温(一般指室温)、静载下(一般指缓慢加载)拉伸或压缩时的力学性质。

1. 材料拉伸时的力学性能

1)低碳钢(Q235A)拉伸时的力学性能

为了便于将试验结果进行比较,进行材料拉伸试验时采用国家规定的标准试样。试样是一段等直杆,等直部分划两条相距为 L 的横线,横线之间的部分作为测量变形的工作段。两端加粗,以便在试验机上夹紧。对于圆形截面试样,$L=10d$ 或 $L=5d$(d 为圆形截面直径);对于矩形截面试样,$L=11.3\sqrt{A}$ 或 $L=5.65\sqrt{A}$(A 为截面面积)。常用的标准试件有两种:比例试样和非比例试样。

试样标距与试样原始横截面积有 $L_0=k\dfrac{S_0}{2}$ 关系的,称为比例标距。这样的试样称为比例试样。k 为比例系数:如果采用比例试样,一般取 $k=5.65$,因为此值为国际通用;取 $k=5.65$ 不满足最小标距大于 15 mm 的要求时,优先取 $k=11.3$。

拉伸试验在万能材料试验机上进行,如图 3-58 所示。将低碳钢试样装在试验机上,缓慢加载,使试样逐渐伸长,可测出变形 Δl。以拉力为纵坐标,以变形为横坐标,可绘出拉力与变形的关系曲线,称为拉伸图,如图 3-59 所示。拉伸图一般由试验机上的自动绘画装置绘制。

Δl 与试件原长 L_0 和截面面积 S 有关,因此即使是同一种材料,试件尺寸不同时,拉伸图也不同。为了消除尺寸的影响,可以应力($\sigma=P/S_0$,S_0 为试件变形前的横截面面积)为纵坐标,以应变($\varepsilon=\Delta L/L_0$,L_0 为试件变形前的标距长度)为横坐标,画出应力-应变图(或 σ-ε 曲线),如图 3-60 所示。

从应力-应变图可以看出,低碳钢拉伸经历了四个阶段,在不同阶段,应力与应变关系的规律不同。下面介绍各阶段的范围、特点、指标及量值。

(1)弹性阶段(图 3-60 中的 Ob 段)。拉伸初始阶段 Oa 为直线,表明应力与应变成正比,材料服从胡克定律。a 点对应的应力称为比例极限,用 σ_p 表示。Q235A 钢的比例极限约为 $\sigma_p=200$ MPa。当应力不超过 σ_p 时,$\sigma=E\varepsilon$。

直线 Oa 的斜率即为材料的弹性模量,即 $\tan\alpha=\sigma/\varepsilon=E$。过 a 点后,图线 ab 微弯而偏离直线 Oa,这说明应力超过比例极限后,应力与应变不再保持正比关系。但只要应力不超过 b 点对应的应力值,材料的变形仍然是弹性变形,即卸载后,变形将全部消失。弹性阶段最高点 b 点对应的应力 σ_e 称为弹性极限。因此,试件在应力从零到弹性极限 σ_e 的过程中只

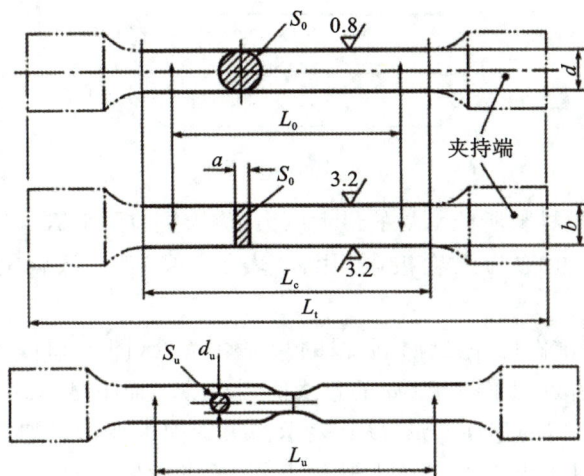

图 3-58

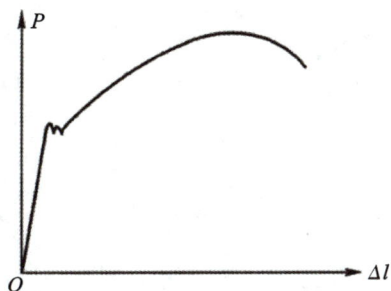

图 3-59

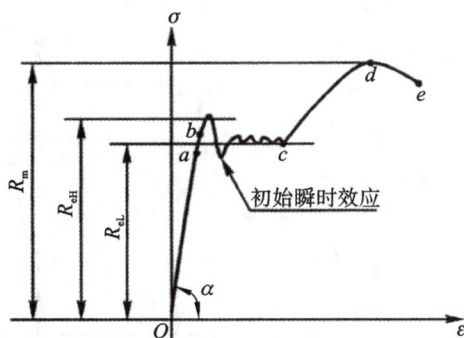

图 3-60

产生弹性变形,称为弹性阶段。

弹性极限 σ_e 和比例极限 σ_p 虽然物理意义不同,但二者的数值非常接近,工程上不严格区分。因此,在叙述胡克定律时,通常应叙述为应力不超过材料的弹性极限时,应力与应变成正比。

(2)屈服阶段(图 3-60 中的 bc 段)。当应力超过 b 点的应力,逐渐达到 c 点的应力时,图线上将出现一段锯齿形线段 bc。此时,应力基本保持不变,应变显著增加,材料暂时失去抵抗变形的能力,从而产生明显塑性变形(不能消失的变形),这种现象称为屈服(或流动)。因此 bc 段称为屈服阶段。屈服阶段的最小应力称为屈服极限(或流动极限),用 σ_s 表示。Q235A 低碳钢的屈服极限为 $\sigma_s=235$ MPa。这时如果卸去荷载,试件的变形不能完全恢复,会残留一部分变形。

材料在屈服时,经过抛光的试件表面将出现许多与轴线大致成 45°的倾斜条纹(图 3-61),称为滑移线。这些条纹是材料内部晶格发生相对错动引起的。当应力达到屈服极限时,材料产生明显的塑性变形,会影响材料的正常使用。所以,屈服极限是一个重要的力学性能指标。

(3)强化阶段(图 3-60 中的 cd 段)。过屈服阶段后,材料又恢复了抵抗变形的能力,若要使材料继续变形,必须增加应力,这种现象称为强化,此阶段称为强化阶段。强化阶段的

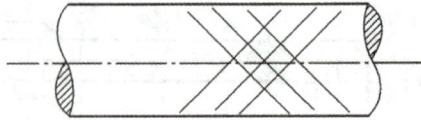

图 3-61

最高点 d 对应的应力是材料所能承受的最大应力,称为抗拉强度 R_m,是对应于最大力 F_m 的应力($R_m = F_m/S_0$),也称为强度极限,用 σ_b 表示。Q235A 低碳钢的强度极限为 $\sigma_b = 400$ MPa。

试验表明,如果将试件拉伸到强化阶段的某一点 f 处(图 3-62),然后缓慢卸载,则应力与应变关系曲线将沿着近似平行于 Oa 的直线回到 O_1 点,而不是回到 O 点。f 点对应的总应变为 Og,OO_1 就是残留的塑性变形,O_1g 表示消失的弹性变形。如果卸载后立即再加载,则应力和应变曲线将基本上沿着 O_1f 上升到 f 点,f 点以后的曲线与原来的曲线相同。由此可见,将试件拉到超过屈服极限后卸载,然后重新加载时,材料的比例极限有所提高,而塑性变形减小,这种现象称为冷作硬化。

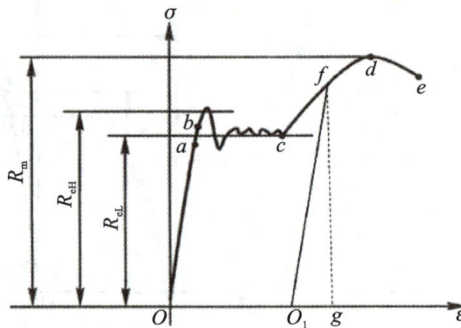

图 3-62

工程中常用冷作硬化来提高某些构件在弹性阶段的承载能力,如起重用的钢索和建筑用的钢筋常通过冷拔工艺来提高强度。把直径为 5 mm 的钢丝($\sigma_s = 1180$ MPa)冷拉后,其屈服极限可提高到 1330 MPa,节约钢材 10% 左右。

(4)颈缩断裂阶段(图 3-60 中的 de 段)。应力到达 d 点的应力后,试件薄弱处横截面的尺寸急剧减小,拉力相应减小,变形急剧增加,形成"颈缩"现象(图 3-63)。由于颈缩部分横截面面积急剧减小,继续伸长所需的拉力迅速下降,直至试件被拉断。试件断裂后,弹性变形恢复,残留塑性变形。

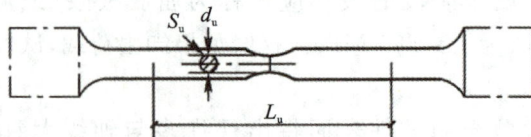

图 3-63

应力-应变图上的特征点(a、b、c、d)对应的应力,反映不同阶段材料的变形和破坏特性。有三个有关强度性能的指标需要注意,即比例极限 σ_p、屈服极限 σ_s 和强度极限 σ_b。比例极限 σ_p 是表示材料的弹性范围的指标;屈服极限 σ_s 是衡量材料强度的一个重要指标,当应力达到屈服极限时,材料将出现显著的塑性变形,无法正常使用;强度极限 σ_b 是衡量材料强度的另一个重要指标,当应力达到强度极限时,材料将失去承载能力。因此,σ_s、σ_b 是衡量材料强度的两个重要指标。

(5)伸长率和截面收缩率。

试件拉断后,一部分弹性变形消失,但塑性变形保留下来。试件的标距由原来的 L_0 变为 L_u。断裂处的最小横截面面积为 S_u。工程上将 $A = \dfrac{L_u - L_0}{L_0} \times 100\%$ 称为材料的伸长率。Q235A 低碳钢的伸长率为 $20\% \sim 30\%$。工程上将 $Z = \dfrac{S_0 - S_u}{S_0} \times 100\%$ 称为截面收缩率。Q235A 低碳钢的截面收缩率为 $60\% \sim 70\%$。伸长率和截面收缩率是衡量材料塑性变形能力的两个指标。在测量时,截面收缩率容易产生较大误差,因此钢材标准中往往只采用伸长率这个指标。

工程中常按伸长率的大小将材料分为两类:$A > 5\%$ 的材料称为塑性材料,如低碳钢、黄铜、铝合金等;$A < 5\%$ 的材料称为脆性材料,如铸铁、石料、玻璃、陶瓷等。

目前在工程应用中,复合材料发展得很快,如玻璃钢。其强度较高,但塑性性能较差,亦属于脆性材料。

其他一些在土建工程中常用的脆性材料(如混凝土、砖、石等)的共同特点:破坏时残余变形很小,只能测得强度极限;抗拉强度比抗压强度低得多,如混凝土的抗拉强度只有抗压强度的十分之一左右,所以在设计时均略去不计。

2)其他塑性材料在拉伸时的力学性能

其他金属材料的拉伸试验和低碳钢的拉伸试验方法相同,但材料所显示出来的力学性能有很大差异。图 3-64 表示几种塑性材料的 σ-ε 曲线,它们共同特点是伸长率都比较大。黄铜、铝合金没有明显的屈服点,通常规定应变 $\varepsilon_s = 0.2\%$ 时的应力为名义屈服极限,用 $\sigma_{0.2}$ 表示(图 3-65)。

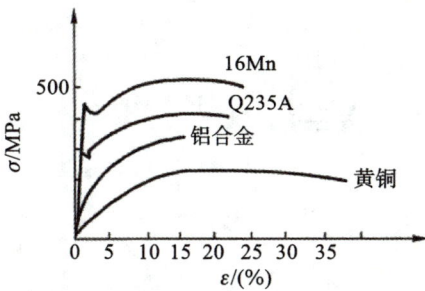

图 3-64

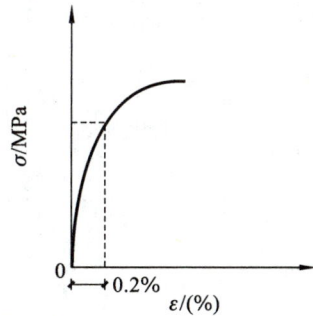

图 3-65

3)铸铁在拉伸时的力学性能

图 3-66 为铸铁拉伸时的应力—应变图和破坏情况。铸铁是典型的脆性材料,从受拉到断裂,变形始终很小,σ-ε 曲线无明显的直线部分,既无比例极限和屈服点,也无颈缩现象,试件的破坏是突然发生的。断裂面接近垂直于试件轴线的横截面。所以,其断裂时的应力就是强度极限 σ_b。铸铁的弹性模量通常以产生 0.1% 的总应变所对应的 σ-ε 曲线上的割线斜率来表示。铸铁的弹性模量 $E = 115 \sim 160$ GPa。因此,强度极限 σ_b 是衡量脆性材料拉伸强度的唯一指标。

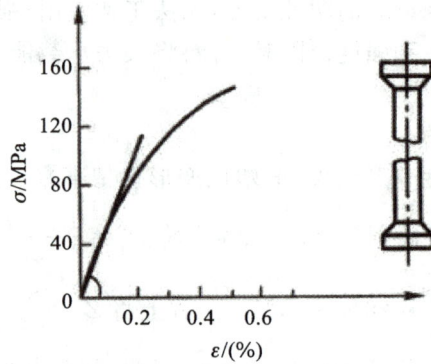

图 3-66

2. 材料压缩时的力学性能

由于材料受压时的力学性能与受拉时的力学性能不完全相同,除拉伸试验外,还必须做材料的压缩试验。

金属材料(如碳钢、铸铁等)压缩试验的试件为圆柱体,高为直径的 1.5～3.0 倍;非金属材料(如混凝土、石料等)压缩试验的试件为立方块。

图 3-67(a)中的虚线表示低碳钢拉伸时的曲线,实线表示低碳钢压缩时的曲线。从图中可以看出,两条曲线的主要部分基本重合。低碳钢压缩时的比例极限 σ_p、弹性模量 E、屈服极限 σ_s 都与拉伸时相同。

当应力超过屈服极限后,试件有显著的塑性变形。随着外力的增加,试件越压越扁,横截面增大,但试件不会压裂导致测不出强度极限。低碳钢的力学性能指标通过拉伸试验都可测得,因此,一般不做低碳钢的压缩试验。由于受试件两端面与压头之间摩擦力的影响,试件两端的横向变形受到阻碍,试件被压成鼓形[图 3-67(b)]。

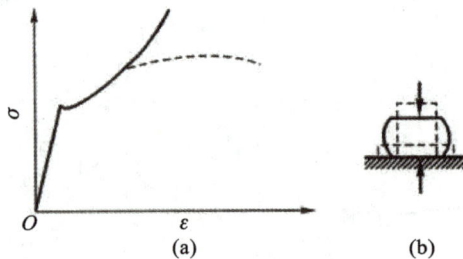

图 3-67

脆性材料压缩时的力学性能与拉伸时有较大差别。如图 3-68 所示,铸铁压缩时的 σ-ε 图仍然是条曲线,与拉伸曲线相似,压力较小时近似符合胡克定律。压缩时的伸长率比拉伸时的伸长率大,压缩时的强度极限比拉伸时的强度极限高 3～4 倍。其他脆性材料也有类似的性质,所以脆性材料适合做成受压构件。

铸铁试件破坏时,破坏面与轴线的夹角为 45°～55°[图 3-68(b)],说明铸铁是被剪断的。

其他脆性材料,如混凝土、石料等非金属材料的抗压强度也远高于抗拉强度。压缩破坏形式如图 3-69(a)所示;若在加压板上涂润滑油或减弱摩擦力的影响,压缩破坏形式如图 3-69(b)所示。

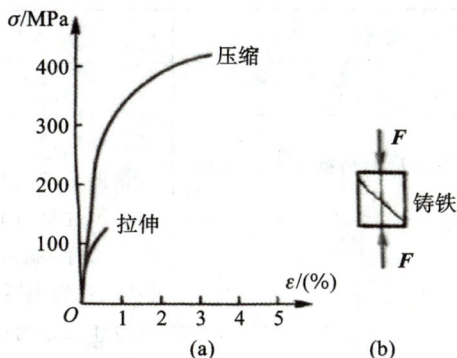

图 3-68

脆性材料塑性差、抗拉强度低,而抗压能力强、价格低廉,故宜用于制作承压构件。铸铁坚硬耐磨且易于浇铸,故广泛应用于铸造机床床身、机壳、底座、阀门等受压配件。因此,铸铁的压缩试验比拉伸试验更重要。

木材的力学性能具有方向性。顺纹方向的抗拉、抗压强度比横纹方向的抗拉、抗压强度高得多,而且抗拉强度高于抗压强度。图 3-70 为木材顺纹拉、压时的应力-应变图。

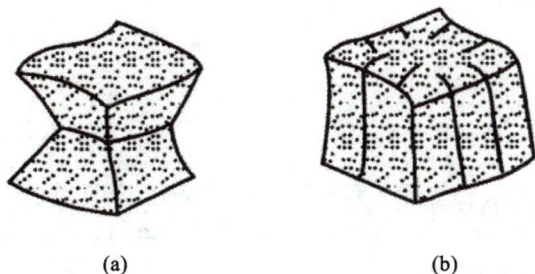

图 3-69

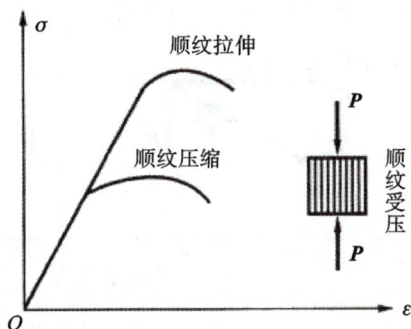

图 3-70

综合塑性材料和脆性材料的力学性质,可得到以下结论。

①多数塑性材料在弹性变形范围内,应力与应变成正比,符合胡克定律。多数脆性材料在拉伸或压缩时,σ-ε 曲线一开始就是一条微弯曲线,即应力与应变不成正比,不符合胡克定律,但是 σ-ε 曲线的曲率较小,所以在应用上假设它们成正比。

②塑性材料断裂时伸长率大,塑性性能好;脆性材料断裂时伸长率很小,塑性性能很差。所以塑性材料可压成薄片或抽成细丝,而脆性材料不能。

③多数塑性材料在屈服阶段以前,抗拉和抗压性能基本相同,所以应用范围广;多数脆性材料的抗压性能远好于抗拉性能,且价格低廉又便于就地取材,所以主要用于制作受压构件。

④表征塑性材料力学性能的指标有弹性极限、屈服极限、弹性模量、伸长率和截面收缩率等。表征脆性材料力学性能的指标只有弹性模量和强度极限。

⑤塑性材料承受动荷载的能力强,脆性材料承受动荷载的能力很差,所以承受动荷载作用的构件应由塑性材料制作。

学习任务 5 工作页

班级		姓名		学号	

任务描述		预期目标
任务名称	金属材料拉伸与压缩试验	知识目标:知道低碳钢的拉伸试验过程;知道铸铁的拉伸与压缩试验过程;能比较塑性材料和脆性材料的力学性能。
任务编号	5	能力目标:能绘制应力-应变图,能叙述比例极限、弹性极限、屈服极限、强度极限、伸长率及冷作硬化的概念。
知识类型	认知型	素质目标:具有求知欲和刻苦学习、钻研的精神,具有归纳总结的能力。

知识认知		
看图并查阅资料,回答相关问题		

图片	描述低碳钢或铸铁拉伸、压缩过程	从承载力和经济效益两方面考虑,判断 1 杆和 2 杆哪个是铸铁杆、哪个是低碳钢杆

学习效果评价反馈	
学生自评	1. 能说出低碳钢拉伸的四个阶段 □ 2. 能描述低碳钢拉伸过程弹性阶段、屈服阶段、强化阶段、颈缩断裂阶段的特点 □ 3. 比较低碳钢和铸铁拉伸的特点,能说出两者拉伸过程的不同 □ 4. 能说出塑性材料和脆性材料在工程中的作用 □ (根据本人实际情况填写:A. 会;B. 基本会;C. 不会)
学习小组评价	团队合作□　工作效率□　交流沟通能力□　获取信息能力□　写作能力□　表达能力□ (根据小组完成任务情况填写:A. 优秀;B. 良好;C. 合格;D. 有待改进)
教师评价	
个人总结与反思	

思考题

1.三种材料的 σ-ε 曲线如图 3-71 所示。哪种材料强度高？哪种材料刚度大？哪种材料塑性好？

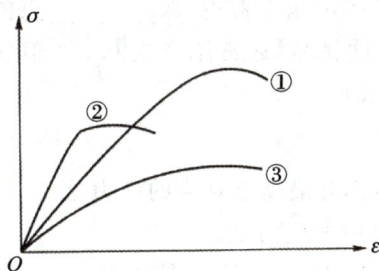

图 3-71

2.指出下列概念的区别。

(1)材料的拉伸图和应力-应变图。

(2)弹性变形和塑性变形。

(3)极限应力和许用应力。

3.什么是冷作硬化现象？冷作硬化现象在工程上有什么应用？

4.塑性材料和脆性材料分别以哪个极限作为极限应力？

5.现有低碳钢和铸铁两种材料,若用低碳钢制造杆①,用铸铁制造杆②,图 3-72 所示的结构是否合理？为什么？

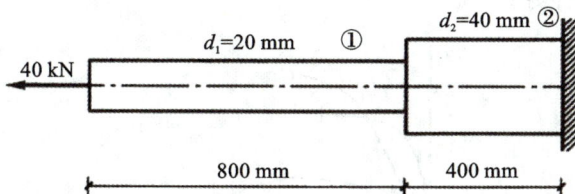

图 3-72

课后习题

一、填空题

1.低碳钢材料在轴向拉伸过程中经历了_____、_____、_____和_____阶段,对应有_____个强度指标,它们分别是_____、_____和_____。

2.材料的塑性指标用_____表示,表达式为_____。

3.冷作硬化工艺是将荷载加到材料的_____阶段卸载,再加载使材料的_____极限提高,同时使材料的_____性降低。

4.低碳钢材料的抗压与抗拉性能_____;铸铁材料的抗压性能_____其抗拉性能。

5.在低碳钢的 σ-ε 曲线上,直线部分最高点对应的应力是_____极限;弹性范围最高点对应的应力是_____极限;由于这两点的应力_____,工程实际中通常用_____极限来代替_____极限。

6.低碳钢屈服阶段的锯齿形曲线部分有较高点对应的应力值,有较低点对应的应力值,工程实际中从构件安全、正常工作的角度考虑,取_____点的应力值作为材料的屈服点。

7.没有明显屈服阶段的塑性材料,通常用产生 0.2% 塑性应变对应的应力值作为屈服点,称作_____,用_____表示。

二、选择题

1.低碳钢 σ-ε 曲线上,直线部分最高点对应的应力是(　　);屈服阶段最低点对应的应力是(　　);强化阶段最高点对应的应力是(　　)。

A.比例极限　　　B.屈服极限　　　C.抗拉强度　　　D.伸长率

2.塑性材料通常有(　　)三个强度指标,用(　　)作为失效破坏时的极限应力;脆性材料用(　　)作为失效破坏时的极限应力。更准确来讲,胡克定律的应用范围是应力不超过材料的(　　)。

A.比例极限　　　B.屈服极限　　　C.抗拉强度　　　D.伸长率

3 材料呈塑性或脆性,是依据(　　)划分的。

A.比例极限　　　B.屈服极限　　　C.抗拉强度　　　D.伸长率

4.塑性材料失效破坏是指材料(　　);脆性材料失效破坏是指材料(　　)。

A.断裂　　　B.屈服　　　C.断裂或屈服　　　D.颈缩

5.图 3-73 所示为 A、B、C 三种材料的 σ-ε 曲线,(　　)材料的强度高,(　　)材料的刚度大,(　　)材料的塑性好。

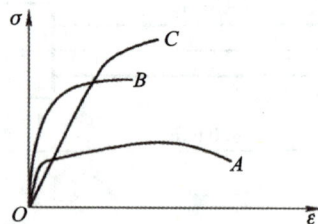

图 3-73

6.材料的强度用(　　)衡量,刚度用(　　)衡量,塑性用(　　)衡量,脆性用(　　)衡量,弹性范围用(　　)衡量;杆件的强度用(　　)衡量,刚度用(　　)衡量;拉(压)杆截面的应力分布用(　　)衡量。

A.σ_p　　　B.σ_s　　　C.σ_b　　　D.E

E.δ　　　F.EA　　　G.$\sigma=\dfrac{F_N}{A}$　　　H.$\sigma_{max}\leqslant[\sigma]$

7.标准试件在常温、静载下测定的指标可以作为材料的力学性能指标,杆件在常温、静载下测定的指标不能作为材料的力学性能指标,这是因为(　　)。

A. 杆件与标准试件的组织结构不一样

B. 材料做成杆件,性能发生了改变

C. 杆件与标准试件的截面形状和截面尺寸不同,包含的缺陷多

D. 均匀连续性假设不正确

8. 表 3-3 所示为 A1、B1、C1 三种材料的性能,(　　)材料的强度高,(　　)材料的刚度大,(　　)材料的塑性好。

表 3-3

	E/GPa	σ_p/MPa	σ_s/MPa	σ_b/MPa	δ/(%)
A1	216	210	240	460	24
B1	200	235	258	480	22.5
C1	180	190	201	360	28.5

9. 用铸铁制作机器底座、变速箱体等是因为它具有(　　)的优点,适合制作受压构件是因为(　　)。

A. 价格低廉、易浇铸成形　　　　B. 坚硬耐磨

C. 有较好的吸振性　　　　D. 抗压性能优良

10. 选取安全系数时不考虑的因素有(　　)。

A. 荷载估计的准确性　　　　B. 材料的均匀性

C. 计算方法的近似性　　　　D. 构件的经济性

E. 构件的形状、尺寸　　　　F. 构件是否重要

11. 安全系数选得太小会使许用应力(　　),会使杆件(　　);安全系数选得太大会使许用应力(　　),会使杆件(　　)。

A. 偏低　　　　B. 偏高　　　　C. 用料多、偏安全　D. 用料少、偏危险

12. 低碳钢拉伸时在屈服阶段沿 45°斜截面出现滑移线,是由 45°斜截面上的最大(　　)引起的;铸铁拉伸时从横截面断裂,是由横截面上的最大(　　)引起的;铸铁压缩时沿 45°斜截面破裂,是由 45°斜截面上的最大(　　)引起的。

A. 正应力　　　　B. 剪应力　　　　C. 相对变形　　　　D. 绝对变形

三、判断题

1. 由材料的相对变形(或线应变)$\varepsilon=\dfrac{l_1-l}{l}$ 与材料的伸长率 $\delta=\dfrac{l_1-l}{l}\times100\%$ 看出,材料的相对变形就是材料的伸长率。（　　）

2. 两拉杆的材料不同,截面、杆长、受力相同,则两拉杆应力相同。（　　）

3. 两拉杆的材料不同,截面、杆长、受力相同,则两拉杆强度相同。（　　）

4. 两拉杆的材料不同,截面、杆长、受力相同,则两拉杆变形相同。（　　）

5. 两拉杆的材料不同,截面、杆长、受力相同,则两拉杆刚度相同。（　　）

6. 通过冷拔机将钢筋拉成冷拔丝可以使钢筋的比例极限提高。（　　）

7. 通过冷拔机将钢筋拉成冷拔丝可以使钢筋弹性范围内的承载能力增强。（　　）

8. 通过冷拔机将钢筋拉成冷拔丝不会使钢筋的塑性变化。（　　）

四、计算题

1. 已知某构件所用材料的 $\sigma_p=210$ MPa,$\sigma_s=240$ MPa,$\sigma_b=360$ MPa,若选用的安全系

数为 2，许用应力为多少？

2.某低碳钢的拉伸试件的直径 $d=10$ mm，标距 $l_0=50$ mm。在试验弹性阶段，测得的拉力增量 $\Delta F=9$ kN，对应伸长量为 0.028 mm；屈服时的拉力 $F_s=17$ kN，拉断前的最大拉力 $F_b=32$ kN，拉断后量得标距增长到 $l_1=62$ mm，断口处直径 $d_1=6.9$ mm。试计算该低碳钢的 E、σ_s、σ_b、A 和 Z。

3.飞机操纵系统的钢拉索长 $l=3$ m，承受最大拉力 $F=24$ kN，$E=200$ GPa，$[\sigma]=120$ GPa。要使伸长量不超过 2 mm，钢索的截面面积至少为多大？

模块小结

本模块的主要公式有以下几个。

正应力计算公式为

$$\sigma = \frac{N}{A}$$

胡克定律为

$$\Delta l = \frac{Nl}{EA}$$

$$\sigma = E\varepsilon$$

强度条件为

$$\sigma_{max} = \frac{N_{max}}{A} \leqslant [\sigma]$$

材料的力学性能是通过试验测定的，它是解决强度问题和刚度问题的重要依据。材料的主要力学性能指标有以下几个。

(1)强度性能指标：材料抵抗破坏的指标，屈服极限 σ_s、$\sigma_{0.2}$，强度极限 σ_b。

(2)弹性变形性能指标：材料抵抗变形的指标，弹性模量、泊松比。

(3)塑性变形性能指标：伸长率、截面收缩率。

本章重点：拉(压)杆的受力特点和变形特点；内力、应力、应变等基本概念；轴向拉(压)杆的应力、应变的计算，轴向拉(压)杆的强度条件及其应用。

强度计算是工程力学研究的主要问题。强度计算的一般步骤如下。

(1)外力分析。分析杆件所受外力情况，根据受力特点判断构件产生哪种基本变形并确定外力的大小(荷载与支座反力)。

(2)内力计算。截面法是计算内力的基本方法。我们可以根据截面法归纳出求内力的结论(外力与轴力的关系)，利用结论计算内力是非常简便的。

(3)强度计算。利用强度条件可解决三类问题：进行强度校核、选择截面尺寸和确定许用荷载。

解题时应注意：在分析杆件的强度和刚度时，应将研究的对象视为可变性固体；在计算杆件的内力时，不能使用力的可传性原理和力偶的可移性原理。

模块 4 弯曲直梁的内力与强度计算

学习任务 1 计算弯曲构件的内力

学习目标

1. 能列举一个工程实际中的弯曲变形问题。
2. 能认识三种单跨梁并绘制相应简图。
3. 会应用截面法计算单跨梁任一横截面上的剪力和弯矩。

任务描述

外伸梁受力情况如图 4-1 所示。A 端作用一集中力;BC 段作用均布荷载,荷载为 q。试用截面法求出内力并确定内力最大的截面。

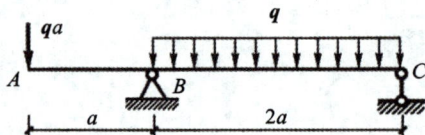

图 4-1

学习引导

本学习任务的脉络如图 4-2 所示。

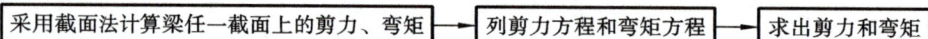

图 4-2

相关知识

1. 计算简图和力学模型

根据梁的变形情况，我们可以得到梁的特点。

(1)构件特点：构件的轴向尺寸远大于横向尺寸，可以简化为一根直杆。

(2)受力特点：所有外力都作用在杆件的纵向平面上且与杆轴线垂直。

(3)变形特点：杆的轴线由原来的直线弯曲成与外力在同一平面上的曲线。以弯曲变形为主的杆件称为梁。

在工程中，梁的支承条件和作用在梁上的荷载情况一般比较复杂，为了便于分析、计算，同时保证计算结果足够精确，需要对梁进行简化，得到梁的计算力学模型(计算简图)。

1)构件的简化

不论梁的截面形状如何，通常用梁的轴线来代替实际的梁。

2)荷载的简化

实际杆件上作用的荷载是多种多样的，但归纳起来，可简化成以下三种荷载形式：当外力的作用范围与梁相比很小时，可视为集中作用于一点，即集中力；两集中力大小相等，方向相反，作用线邻近时，可视为集中力偶；连续作用在梁的全长或部分长度内的荷载可视为分布荷载。分布于单位长度上的荷载值称为分布荷载集度，用 q 表示，当 q 为常量时，称为均布荷载。

3)梁支座的简化

梁支座可简化为三种形式。

（1）固定铰支座和可动铰支座，如图 4-3（a）和图 4-3（b）所示。如果支座处梁的横截面可有轻微的转动，但不能绕垂直于荷载的作用面转动，也不能移动，那么在荷载作用面内该支座简化为铰支座。

（2）固定端支座，如图 4-3（c）所示。如果在支座处，梁既不能绕垂直于荷载的作用面转动，也不能移动，则在荷载作用面内该支座可简化为固定端支座。

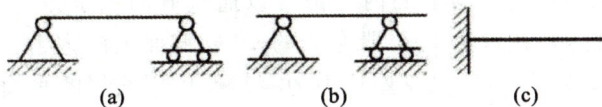

图 4-3

2. 平面弯曲梁的基本形式

（1）简支梁：梁的两端分别为固定铰支座和可动铰支座，如单梁吊车横梁。

（2）外伸梁：梁的支承形式与简支梁相同，但梁的一端（或两端）伸出支座。

（3）悬臂梁：梁的一端为固定端，另一端为自由端，如镗刀刀杆。

弯曲变形是工程中常见的一种基本变形形式，如桥梁中的纵梁[图 4-4（a）]、房屋建筑中的楼板梁[图 4-4（b）]、阳台的挑梁[图 4-4（c）]都是受弯构件。以弯曲变形为主的杆件水平或倾斜放置时，称为梁。

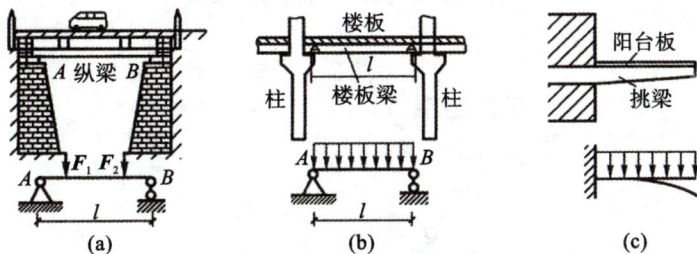

图 4-4

梁的横截面若纵向对称，则纵向对称轴与梁轴线确定的平面称为梁的纵向对称面。如图 4-5 所示，阴影面表示纵向对称面。

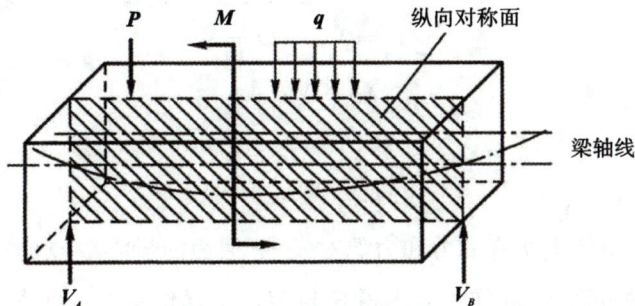

图 4-5

具有纵向对称面的平面弯曲梁的受力特点：所受的外力都作用在梁的纵向对称面内，且都是横向力（其作用线与梁轴线垂直）；所受的外力偶都作用在梁的纵向对称面或与之平行的平面内(可以自由平移到纵向对称面)。具有纵向对称面的平面弯曲梁的变形特点:梁变形后,其轴线变成纵向对称面内的一条平面曲线。

本书只讨论具有纵向对称面的梁的平面弯曲问题。平面弯曲是杆件变形的一种基本形式。

(1)梁的内力——剪力和弯矩。

在外力作用下,梁任意横截面上的内力都可以通过截面法求得。图 4-6 所示的梁在外力作用下处于平衡状态,现在讨论距 A 端为 x 的 n—n 截面上的内力。先求出支座反力 V_A 和 V_B(因为梁受竖向荷载,所以水平支座反力为零),然后用假想的平面将梁沿 n—n 截面切开为左、右两段,取左段梁为分离体[图 4-6(b)]。因为梁处于平衡状态,所以分离体也处于平衡状态。由于 A 端有支座反力 V_A,要使分离体不发生上下移动,n—n 截面上必然有一个与 V_A 大小相等、方向相反的力;由于 V_A 和 Q 形成一个力偶矩为 $V_A x$ 的力偶,会引起分离体转动,为使分离体不转动,n—n 截面上必然有一个与力偶矩大小相等、方向相反的力偶矩。实际上,Q 与 M 就是右段梁对左段梁的作用。Q 与 M 即为梁在 n—n 横截面上的内力,其中与截面平行的内力 Q 称为剪力,内力偶矩 M 称为弯矩。

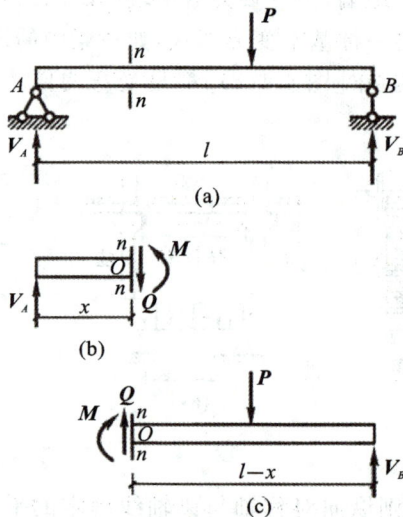

图 4-6

$$\sum Y = V_A - Q = 0$$
$$Q = V_A$$
$$\sum M_O = M - V_A \cdot x = 0$$
$$M = V_A \cdot x$$

式中:$\sum M_O$ 表示分离体上所有的力和力偶对 n—n 截面的形心 O 点的矩的代数和。

若取右段梁作为分离体,同样可以求得 Q 与 M。根据作用力与反作用力公理,右段梁在 n—n 截面上的 Q 和 M 必然与左段梁的 Q 和 M 大小相等、方向相反[图 4-6(c)]。

剪力的国际单位制单位为牛(N)或千牛(kN),弯矩的国际单位制单位为牛·米(N·m)或千牛·米(kN·m)。

(2)剪力 Q 与弯矩 M 的正负号规定。

图 4-6 所示的左、右两个分离体上，同一个截面上的剪力 Q 或弯矩 M 是大小相等、方向相反的。如果我们还是遵循静力学中有关力和力矩的正负号的规定（即某个指向为正，反之为负），取截面左边和右边的梁段为分离体时，剪力和弯矩的符号将不同，这对于梁的应力计算是很不方便的。

为了使以左段梁或右段梁为分离体时求得的同一个截面上的内力大小相等且具有相同的正负号（尽管其方向是不同的），要联系梁的变形现象来规定它们的正负号。

为了说明剪力和弯矩的符号规定，在 n—n 截面的左边和右边分别截取 x 微段，这些微段梁在剪力和弯矩作用下的变形状态如图 4-7 和图 4-8 所示。

图 4-7(a)所示的微段梁在剪力 Q 的作用下，均产生左上右下的相对错动变形，或者说使微段梁有顺时针转动的趋势。我们把使微段梁产生这种变形的剪力规定为正号的剪力。图 4-7(b)所示的使微段梁产生左下右上的变形的剪力，或者说使微段梁有逆时针转动趋势的剪力，规定为负号的剪力。

图 4-8(a)所示的微段梁在弯矩 M 的作用下，产生向下凸的变形，或者说使微段梁的下半部拉长、上半部缩短，弯成扇形状态。我们把使微段梁产生这种变形的弯矩规定为正号的弯矩。图 4-8(b)所示的使微段梁产生向上凸的变形的弯矩规定为负号的弯矩。

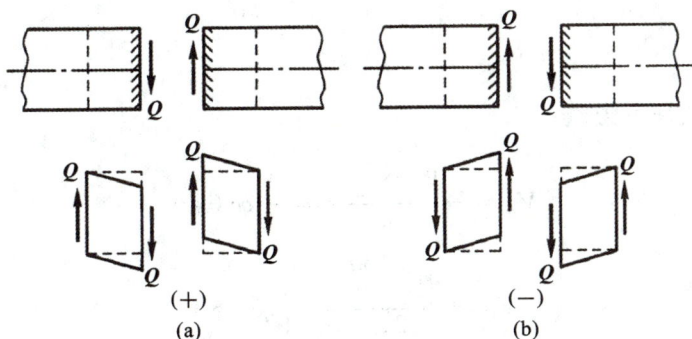

图 4-7

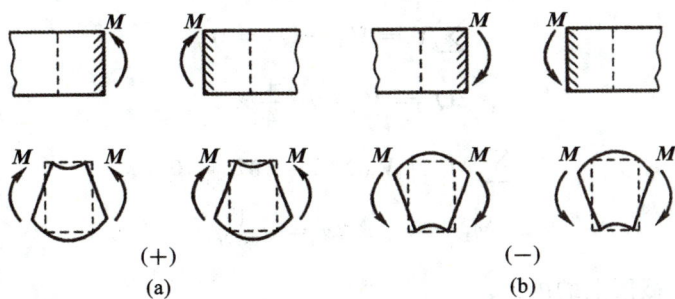

图 4-8

为计算方便，我们通常将未知内力的方向假设为内力的正方向：当由平衡方程解得的内力为正号时，实际方向与假设方向一致，即内力为正值；解得的内力为负号时，实际方向与假设方向相反，即内力为负值。这种假设未知力为正方向的方法，将外力符号与内力符号统一起来，由平衡方程中出现的正负号定出内力的正负号。

例 4-1　计算图 4-9(a)所示外伸梁 C 支座稍左的 1—1 截面和稍右的 2—2 截面上的剪力和弯矩。

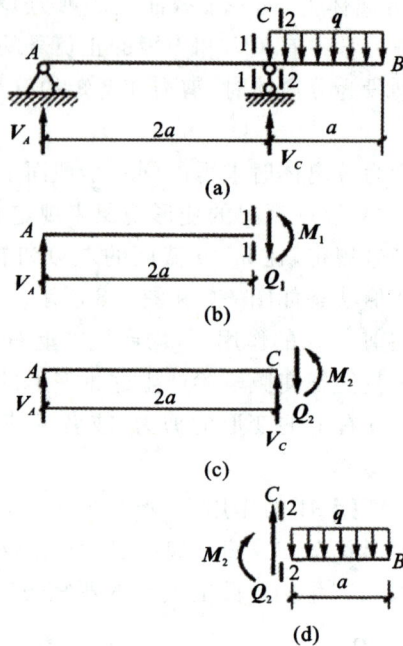

图 4-9

解：(1)计算支座反力。

$$V_A = -\frac{qa \times \frac{a}{2}}{2a} = -\frac{1}{4}qa \,(\downarrow)$$

$$V_C = \frac{qa \times \frac{5a}{2}}{2a} = \frac{5}{4}qa \,(\uparrow)$$

(2)计算截面 1—1 上的内力。

取 1—1 截面以左部分为研究对象[图 4-9(b)]。

$$\sum Y = V_A - Q_1 = 0$$

$$Q_1 = V_A = -\frac{1}{4}qa$$

$$\sum M_1 = V_A \times 2a - M_1 = 0$$

$$M_1 = V_A \times 2a = -\frac{1}{2}qa^2$$

(3)计算 2—2 截面上的内力。

取 2—2 截面以左部分为研究对象[图 4-9(c)]。

$$\sum Y = V_A + V_C - Q_2 = 0$$

$$Q_2 = V_A + V_C = -\frac{1}{4}qa + \frac{5}{4}qa = qa$$

$$\sum M_2 = V_A \times 2a + V_C \times 0 - M_2 = 0$$

$$M_2 = V_A \times 2a = -\frac{1}{2}qa^2$$

由以上的计算可知,在集中力(上例中的集中荷载 q,支座反力 V_A、V_B、V_C 都是集中力)左右两侧无限接近的横截面上的弯矩相同、剪力不同,相差的数值就等于该集中力的值,称为剪力发生了突变。在集中力偶左右两侧无限接近的横截面上的剪力相同,但弯矩发生了突变,突变的数值就等于集中力偶的力偶矩。

用截面法计算梁指定截面上的剪力和弯矩,是计算梁内力的基本方法。根据前面的讨论和例题的求解,截面上的剪力和弯矩与梁上的外力之间存在着下列规律。

(1)梁上任一横截面上的剪力在数值上等于此截面左侧(或右侧)梁上所有外力的代数和。

(2)梁上任一横截面上的弯矩在数值上等于此截面左侧(或右侧)梁上所有外力对该截面形心的力矩的代数和。

上面两条规律可以使计算截面上的内力的过程简化,省去列平衡方程的步骤,直接由外力写出所求的内力。

下面通过实例说明以上结论的应用。

例 4-2　用简便方法计算图 4-10 所示简支梁 1—1 截面和 2—2 截面上的内力。

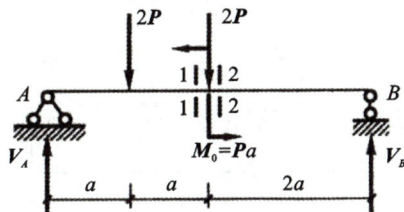

图 4-10

解:(1)计算支座反力。

$$V_A = \frac{2P \times 3a + M_0 + 2P \times 2a}{4a} = \frac{11}{4}P(\uparrow)$$

$$V_B = 2P + 2P - V_A = \frac{5}{4}P(\uparrow)$$

(2)计算 1—1 截面上的内力。

根据 1—1 截面以左部分的外力来计算内力。

$$Q_1 = V_A - 2P = \frac{11}{4}P - 2P = \frac{3}{4}P$$

$$M_1 = V_A \times 2a - 2P \times a = \frac{11}{4}P \times 2a - 2Pa = \frac{7}{2}Pa$$

(3)计算 2—2 截面上的内力。

根据 2—2 截面以左部分的外力来计算内力。

$$Q_2 = V_A - 2P - 2P = \frac{11}{4}P - 2P - 2P = -\frac{5}{4}P$$

$$M_2 = V_A \times 2a - 2P \times a - M_0 = \frac{5}{2}Pa$$

学习任务 1 工作页

班级		姓名		学号	
任务描述				**预期目标**	
任务名称	计算弯曲构件的内力		知识目标:能够认识三种单跨梁并绘制相应简图。		
任务编号	1		能力目标:能够列举一例工程实际中的弯曲变形问题。		
知识类型	认知型		素质目标:会应用截面法计算单跨梁任一横截面上的剪力和弯矩		

知识认知		
完成下列计算		
图片	受力分析简图	力学平衡方程

学习效果评价反馈	
学生自评	1.截面法的原理和应用 ☐ 2.受力分析图的解读 ☐ 3.截面法中平衡方程的应用 ☐ (根据本人实际情况填写:A.会;B.基本会;C.不会)
学习小组评价	团队合作☐ 工作效率☐ 交流沟通能力☐ 获取信息能力☐ 写作能力☐ 表达能力☐ (根据小组完成任务情况填写:A.优秀;B.良好;C.合格;D.有待改进)
教师评价	
个人总结与反思	

课后习题

一、填空题

1. 直梁弯曲的受力特点是直梁受到_____作用,变形特点是梁的轴线_____。

2. 梁上各截面纵向对称轴构成的平面称为_____。梁上外力沿横向作用在该平面内,梁的轴线将弯成一条_____,梁的这种弯曲称为_____。

3. 梁的力学模型是通过用梁的_____来代替梁,简化梁的_____和所画出的平面图形。静定梁的基本力学模型分为_____梁、_____梁和_____梁三种形式。

4. 梁弯曲时的内力有_____于截面的剪力和_____于截面的弯矩;在图 4-11 所示梁段的两端截面上,按剪力与弯矩的正负规定表示出该梁段两端截面上的剪力和弯矩。

5. 由截面法求梁的内力可以得出求剪力和弯矩的简便方法。截面上的剪力在数值上等于此截面左(或右)段梁上所有_____的代数和。左段梁上向_____或右段梁上向_____的外力产生正值剪力,反之产生负值剪力,简述_____为正。

截面上的弯矩在数值上等于此截面左(或右)段梁上所有_____对_____力矩的代数和。左段梁上_____转向或右段梁上_____转向的外力矩产生正值弯矩,反之产生负值弯矩,简述为_____为正。

二、选择题

图 4-12 所示简支梁上作用有集中力 F、集中力偶 M 和约束反力 F_A、F_B,1—1 截面上剪力和弯矩计算正确的是( )。

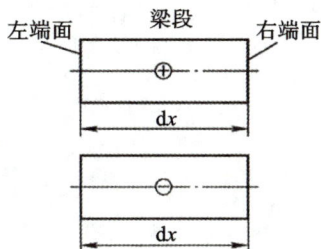

图 4-11

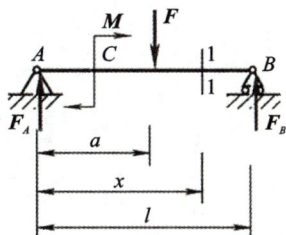

图 4-12

A. $F_{Q1} = F_A + F$ $M_1 = F_A x + M - Fx$

B. $F_{Q1} = F_B$ $M_1 = F_B(l - x)$

C. $F_{Q1} = F_A - F$ $M_1 = F_A x + M - F(x - a)$

D. $F_{Q1} = -F_B$ $M_1 = -F_B(l - x)$

三、判断题

1. 梁发生平面弯曲变形,梁的截面一定有纵向对称轴。 ( )

2. 梁发生平面弯曲变形,荷载一定沿横向作用在梁的纵向对称平面内。 ( )

3. 有纵向对称平面的梁的弯曲变形,一定是平面弯曲变形。 ( )

4. 应用截面法求梁的剪力和弯矩时,截面可以选在集中力作用点处。 ( )

四、计算题

如图 4-13 所示,求各梁指定截面的剪力和弯矩。

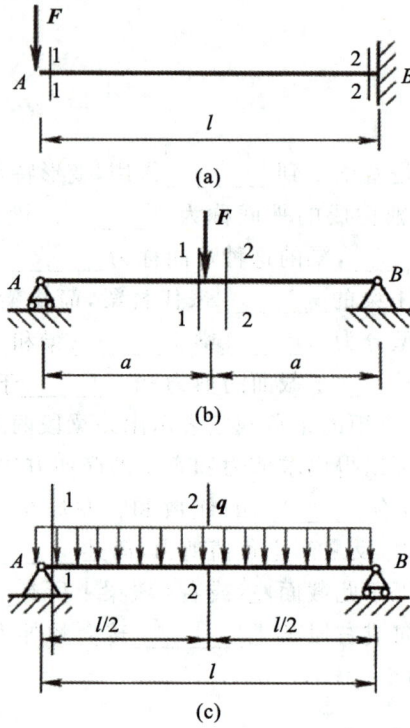

(a)

(b)

(c)

图 4-13

学习任务 2　剪力图和弯矩图的画法

学习目标

1. 能认识三种单跨梁并绘制相应简图。
2. 会应用截面法计算单跨梁任一横截面上的剪力和弯矩。
3. 会根据荷载集度、剪力与弯矩的微分关系绘制剪力图、弯矩图。

任务描述

外伸梁受力情况如图 4-14 所示。A 端作用一集中力；BC 段作用均布荷载，荷载为 q。试画出外伸梁的剪力图和弯矩图，并确定内力最大的截面。

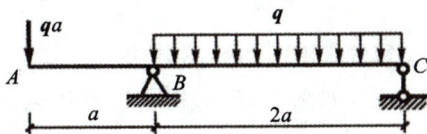

图 4-14

学习引导

本学习任务的脉络如图 4-15 所示。

采用截面法计算梁任一截面上的剪力、弯矩	列剪力方程和弯矩方程	根据荷载集度、剪力、弯矩的微分关系绘制弯矩图

图 4-15

相关知识

1. 剪力方程和弯矩方程

一般情况下，梁横截面上的剪力和弯矩都随截面的位置不同而变化。若以 x 表示横截

面沿梁轴线的位置,梁内各横截面上的剪力和弯矩均可以写成 x 的函数,即

$$Q = Q(x)$$
$$M = M(x)$$

上面的函数表达式可以反映出梁各横截面上的剪力和弯矩沿梁轴线的变化规律,分别称为梁的剪力方程和弯矩方程。

2. 剪力图和弯矩图

绘制梁的内力图时,通常正对梁的结构图,在梁结构图下方画平行于梁轴线的 x 轴,取向右的方向为正;以集中荷载和集中力偶的作用点、分布荷载分布长度的端点以及梁的支承点为分界点(这些点以后称为控制点),将梁分成几段;分别列出各段的剪力方程和弯矩方程,分别求出各分界点处截面上的剪力和弯矩;把算得的各分界点截面的剪力、弯矩作为纵坐标,按正负号和选定比例画在与截面位置对应之处,再把各纵坐标的端点连接起来,得到梁的剪力图和弯矩图。

剪力图和弯矩图表示梁的各横截面上的剪力和弯矩沿梁轴线变化的情况。剪力图上任一点的纵坐标表示与此点对应的梁横截面上的剪力;弯矩图上任一点的纵坐标表示与此点对应的梁横截面上的弯矩。土建工程中,习惯上把正剪力画在 x 轴上方,把负剪力画在 x 轴下方;把弯矩画在梁受拉的一侧。联系我们对弯矩符号的规定,正弯矩使梁的下部受拉,负弯矩使梁的上部受拉,所以画梁的弯矩图时,正弯矩画在 x 轴下方,负弯矩画在 x 轴上方。

下面通过例题来说明剪力图与弯矩图的绘制方法。

例 4-3 悬臂梁受集中力作用,如图 4-16(a)所示。列出梁的剪力方程和弯矩方程,画出剪力图和弯矩图,确定 $|Q|_{max}$ 与 $|M|_{max}$。

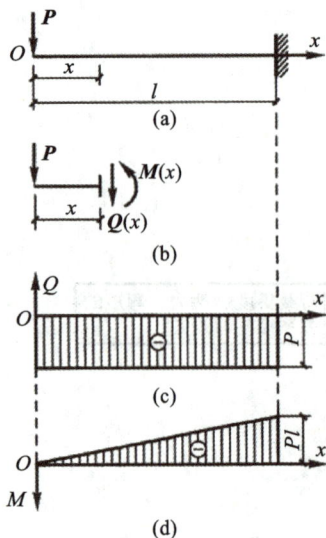

图 4-16

解:(1)列剪力方程和弯矩方程。

把坐标原点 O 取在梁左端。假想把梁在距原点 O 为 x 的截面处截为两段,取左段为研究对象,如图 4-16(b)所示。该截面上的剪力方程和弯矩方程分别为

$$Q(x) = -P(0 \leqslant x \leqslant l)$$
$$M(x) = -Px(0 \leqslant x \leqslant l)$$

截面位置是任意的,故式中的 x 是一个变量。

(2)画剪力图和弯矩图。

先建立两个坐标系,Ox 轴与梁轴线平行,横坐标表示横截面的位置,纵坐标分别表示剪力和弯矩,然后按方程作图。

由剪力方程可知,剪力为常数,即全梁各截面剪力相同。剪力图为平行于 x 轴的直线,如图 4-16(c)所示。

由弯矩方程可知,弯矩为 x 的一次函数,应为直线图形。确定两个截面的弯矩值,即可确定直线位置。$x = 0$ 时,$M = 0$;$x = l$ 时,$M = -Pl$。把两个点标在 MOx 坐标系中,连接这两个点即可画出梁的弯矩图,如图 4-16(d)所示。由于弯矩是负值,按规定将其画在横坐标的上方。上述根据内力方程的性质及需要算出内力的几个截面称为控制截面,内力图上相应的点称为控制点。

(3)确定 $|Q|_{\max}$ 与 $|M|_{\max}$ 。

从剪力图和弯矩图很容易看出,最大剪力和最大弯矩(均指其绝对值)在梁右端,其值为

$$|Q|_{\max} = P$$
$$|M|_{\max} = Pl$$

从例 4-3 可以看出,梁上没有分布荷载作用时,剪力图是一条水平线,弯矩图是一条斜直线。

例 4-4　悬臂梁受均布荷载作用,如图 4-17(a)所示。列出梁的剪力方程和弯矩方程,画出剪力图、弯矩图,确定 $|Q|_{\max}$ 与 $|M|_{\max}$ 。

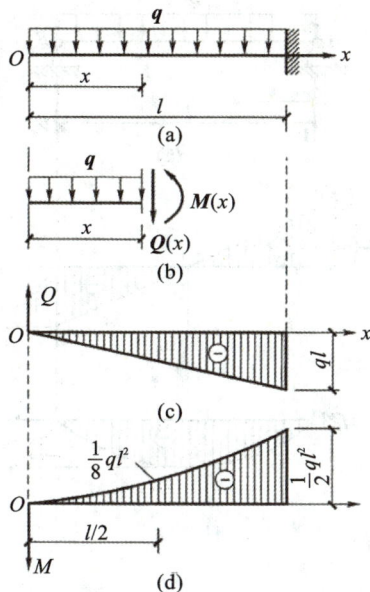

图 4-17

解:(1)列剪力方程和弯矩方程。

坐标原点设在梁左端,假想在截面处将梁截开,取左段为研究对象,如图 4-17(b)所示。列出该梁的剪力方程和弯矩方程为

$$Q(x) = -qx \, (0 < x < l)$$
$$M(x) = -qx \times \frac{x}{2} = -\frac{1}{2}qx^2 \, (0 \leqslant x \leqslant l)$$

(2)画剪力图和弯矩图。

剪力方程为一元一次方程,需要 2 个控制点才能画出曲线。$x = 0$ 时,$Q = 0$;$x = l$ 时,$Q = -ql$ 。画出的剪力图如图 4-17(c)所示。

弯矩方程为一元二次方程,需要 3 个控制点才能大致画出曲线。$x = 0$ 时,$M = 0$;$x = \frac{l}{2}$ 时,$M = -\frac{1}{8}ql^2$;$x = l$ 时,$M = -\frac{1}{2}ql^2$ 。画出弯矩图如图 4-17(d)所示。

(3)确定 $|Q|_{\max}$ 与 $|M|_{\max}$ 。

从剪力图和弯矩图可以看出,最大剪力和最大弯矩都在固定端截面,即

$$|Q|_{\max} = ql$$

$$|M|_{max} = \frac{1}{2}ql^2$$

由例 4-4 可以看出,梁上作用均布荷载时,剪力图为一条斜直线,弯矩图为一条二次曲线且曲线的凸向与均布荷载的指向一致。

根据工程要求,剪力图与弯矩图上应该标明图名、正负、控制点值及单位;坐标轴可以省略不画。

例 4-5 简支梁受均布荷载作用,如图 4-18(a)所示。列梁的剪力方程和弯矩方程,画出剪力图、弯矩图,确定 $|Q|_{max}$ 与 $|M|_{max}$ 。

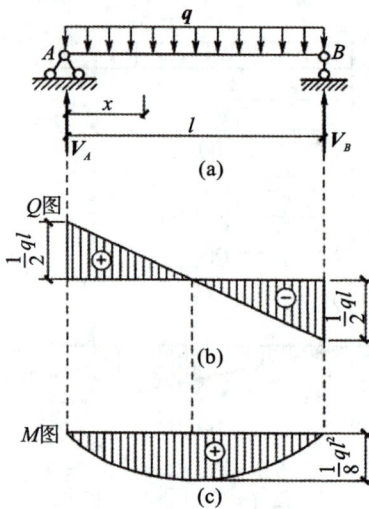

图 4-18

解:(1)计算支座反力。

$$V_A = V_B = \frac{1}{2}ql$$

(2)列剪力方程和弯矩方程。

取任意截面,则

$$Q(x) = V_A - qx = \frac{1}{2}ql - qx (0 < x < l)$$

$$M(x) = V_A x - \frac{1}{2}qx^2 = \frac{1}{2}qx(l-x)(0 \leqslant x \leqslant l)$$

(3)画剪力图和弯矩图。

剪力方程为直线方程,应计算两个控制点。$x = 0$ 时,$Q = \frac{1}{2}ql$;$x = l$ 时,$Q = -\frac{1}{2}ql$ 。

根据计算结果,分别在 x 轴上方和下方得两个点,两个点相连即得剪力图,如图 4-18(b)所示。

弯矩方程为曲线方程,应至少计算 3 个控制点。$x = 0$ 时,$M = 0$;$x = \frac{l}{2}$ 时,$M = \frac{1}{8}ql^2$;$x = l$ 时,$M = 0$ 。

根据以上 3 个控制点即可画出弯矩图,如图 4-18(c)所示。

(4)确定 $|Q|_{max}$ 与 $|M|_{max}$ 。

最大剪力在 A、B 两端截面,即

$$|Q|_{\max} = \frac{1}{2}ql$$

最大弯矩在跨中截面,即

$$|M|_{\max} = \frac{1}{8}ql^2$$

例 4-5 与例 4-4 类似,梁上作用均布荷载,剪力图为一条斜直线,弯矩图是一条二次曲线且凸向与均布荷载的指向一致。还应注意的是,在剪力为 0 的截面上,存在着最大弯矩。

例 4-6　简支梁受集中力 P 作用,如图 4-19(a)所示。列梁的剪力方程和弯矩方程,画出剪力图、弯矩图,确定 $|Q|_{\max}$ 与 $|M|_{\max}$。

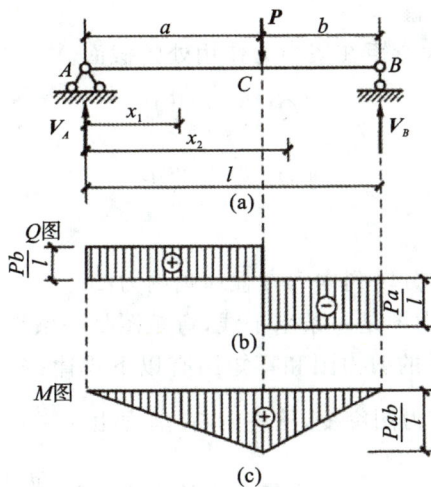

图 4-19

解:(1)计算支座反力。
由梁的整体平衡可求得

$$V_A = \frac{b}{l}P$$

$$V_B = \frac{a}{l}P$$

(2)列剪力方程和弯矩方程。

梁上作用的集中力 P 把梁分为 AC 和 CB 两段,若分别用截面在 AC 段和 CB 段将梁截开,均取截面以左部分作为研究对象,则 AC 段上的外力只有 V_A,CB 段上的外力有 V_B 和 P。因此,两段的内力必然不同,梁的剪力方程和弯矩方程应分段列出。

AC 段的剪力方程和弯矩方程为

$$Q(x) = V_A = \frac{b}{l}P \,(0 < x < a)$$

$$M(x) = V_A x = \frac{b}{l}Px \,(0 \leqslant x \leqslant a)$$

CB 段的剪力方程和弯矩方程为

$$Q(x) = V_A - P = -\frac{a}{l}P \,(a < x < l)$$

$$M(x) = V_A x - P(x-a) = \frac{b}{l}Px - P(x-a) = \frac{aP}{l}(l-x)(a \leqslant x \leqslant l)$$

（3）画剪力图、弯矩图。

AC 段剪力为常数 $\frac{b}{l}P$，剪力图为平行于 x 轴的直线。AC 段弯矩图为斜直线，根据控制点（$x=0$ 时，$M=0$；$x=a$ 时，$M=\frac{ab}{l}P$）可画出弯矩图。

CB 段剪力为常数 $-\frac{a}{l}P$，剪力图为平行于 x 轴的直线。CB 段弯矩图为斜直线，根据控制点（$x=a$ 时，$M=\frac{ab}{l}P$；$x=l$ 时，$M=0$）可画出弯矩图。

（4）确定 $|Q|_{max}$ 与 $|M|_{max}$。

设 $a > b$，最大剪力和最大弯矩在集中力作用处的截面。

$$|Q|_{max} = \frac{a}{l}P$$

$$|M|_{max} = \frac{ab}{l}P$$

（5）讨论：

①梁上荷载不连续时，应分段列内力方程和画内力图。

②没有荷载的梁段的剪力图是一条水平线，弯矩图是一条斜直线。

③在集中力 $\boldsymbol{P}$ 作用时，梁的剪力图和弯矩图有以下规律：弯矩图出现一个尖角，尖角的指向与集中力的指向一致；剪力图突变，从左向右，剪力由 $+\frac{b}{l}P$ 变为 $-\frac{a}{l}P$，剪力突变的方向与集中力的指向一致，突变值的大小为集中力的大小，即 $\left|\frac{bP}{l}\right| + \left|\frac{aP}{l}\right| = P$。

例 4-7 简支梁受集中力偶 M_0 作用，如图 4-20（a）所示。列梁的剪力方程和弯矩方程，画剪力图、弯矩图，确定 $|Q|_{max}$ 与 $|M|_{max}$。

解：（1）计算支座反力。

$$V_A = \frac{M_0}{l}(\uparrow)$$

$$V_B = -\frac{M_0}{l}(\downarrow)$$

（2）列剪力方程和弯矩方程。

由于梁中段有集中力偶，剪力方程和弯矩方程应分段写出。

AC 段的剪力方程和弯矩方程为

$$Q(x) = V_A = \frac{M_0}{l}(0 \leqslant x \leqslant a)$$

$$M(x) = V_A x = \frac{M_0}{l}x(0 \leqslant x \leqslant a)$$

CB 段的剪力方程和弯矩方程为

$$Q(x) = V_A = \frac{M_0}{l}(a \leqslant x \leqslant l)$$

$$M(x) = V_A x - M_0 = \frac{M_0}{l}x - M_0(a \leqslant x \leqslant l)$$

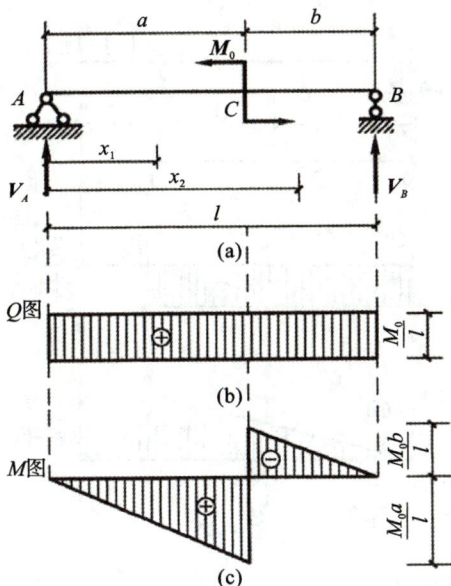

图 4-20

（3）绘制剪力图、弯矩图。

AC 段、CB 段的剪力相同且为常数，所以剪力图为一条水平线，如图 4-20(b)所示。AC、CB 两段的弯矩图均为直线，根据控制点（ $x = 0$ 时，$M = 0$；$x = a$ 时，$M = \dfrac{a}{l}M_0$ ）可以绘出 AC 段的弯矩图，根据控制点（ $x = a$ 时，$M = -\dfrac{b}{l}M_0$；$x = l$ 时，$M = 0$ ）可以绘出 CB 段的弯矩图，如图 4-20(c)所示。

（4）确定 $|Q|_{max}$ 与 $|M|_{max}$。

设 $a > b$，最大剪力和最大弯矩在集中力偶作用处的截面。

$$|Q|_{max} = \frac{M_0}{l}$$

$$|M|_{max} = \frac{M_0 a}{l}$$

由例 4-7 可以看出，在集中力偶作用处，剪力图不受影响，弯矩图突变。从左向右看，集中力偶为逆时针方向时，弯矩图从下向上突变；集中力偶为顺时针方向时，弯矩图从上向下突变。突变值的大小等于集中力偶矩。

例 4-8　画图 4-21(a)所示外伸梁的剪力图与弯矩图。

解：（1）计算支座反力。

$$V_A = -\frac{qa^2}{2l}(\downarrow)$$

$$V_B = qa + \frac{qa^2}{2l}(\uparrow)$$

（2）列剪力方程和弯矩方程。

AB 段与 BC 段受力不连续，应分段列方程。

AB 段：坐标原点在 A，指向右方。

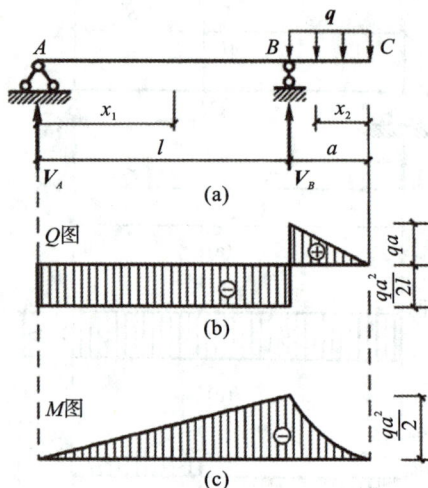

图 4-21

$$Q(x_1) = V_A = -\frac{qa^2}{2l}(0 < x_1 < l)$$

$$M(x_1) = V_A x_1 = -\frac{qa^2}{2l}x_1(0 \leqslant x_1 \leqslant l)$$

BC 段：坐标原点在 C，指向左方。

$$Q(x_2) = qx_2(0 < x_2 < a)$$

$$M(x_2) = -\frac{q}{2}x_2^2(0 \leqslant x_2 \leqslant a)$$

（3）绘制剪力图和弯矩图。

AB 段：$Q(x_1)$ 为常数，剪力图是一条水平线；$M(x_1)$ 是一次函数，弯矩图是一条斜直线。

BC 段：$Q(x_2)$ 是一次函数，剪力图为斜直线；$M(x_2)$ 为二次函数，弯矩图是一条曲线。

剪力图和弯矩图分别如图 4-21(b)和图 4-21(c)所示。

需要注意的是，支座反力也可视为作用在梁上的集中力，所以该剪力图与集中力作用时的剪力图的规律相符，即剪力图在 B 处有突变，弯矩图在 B 处有尖角。

根据以上例题，我们可以归纳出剪力图和弯矩图的以下规律。

（1）梁上没有均布荷载作用的部分，剪力为常数，剪力图为水平线；弯矩图为倾斜直线，弯矩图的倾斜度（$\tan\alpha$）就是剪力。

①当该段 Q 为 0，弯矩图为水平直线。

②当该段 Q 为常数且 $Q > 0$，弯矩图从左向右为下斜线。

③当该段 Q 为常数且 $Q < 0$，弯矩图从左向右为上斜线。

（2）梁上有均布荷载向下作用的部分，剪力图为斜直线，斜直线由左上向右下倾斜；弯矩图为抛物线，抛物线下凸。

（3）在集中力作用处，剪力图有突变，突变值即为该处集中力的大小，突变的方向与集中力方向一致；弯矩图在此处出现尖角。

（4）梁上集中力偶作用处，剪力图不变，弯矩图有突变，突变值即为该处集中力偶的力偶矩。若力偶为顺时针方向，弯矩图向上突变；若力偶为逆时针方向，弯矩图向下突变。

（5）最大弯矩总是出现在下述截面：$Q=0$ 的截面；集中力作用的截面；集中力偶作用的截面。

单跨静定梁在简单荷载作用下的弯矩图如表 4-1 所示。

表 4-1

梁的形式	集中力作用	均布荷载作用	集中力偶作用
悬臂梁	Pl	$\dfrac{ql^2}{2}$	M_0
简支梁	$\dfrac{Pab}{l}$	$\dfrac{ql^2}{8}$	$\dfrac{b}{l}M_0$ $\dfrac{a}{l}M_0$
外伸梁	Pa	$\dfrac{1}{2}qa^2$	M_0

学习任务 2 工作页

班级		姓名		学号	

任务描述		预期目标
任务名称	剪力图和弯矩图的画法	知识目标:能够认识三种单跨梁并绘制相应简图。
任务编号	2	能力目标:会应用截面法计算单跨梁任一横截面上的剪力和弯矩。
知识类型	认知型	素质目标:会用荷载集度、剪力与弯矩的微分关系绘制剪力图、弯矩图

知识认知		

画出各种梁式结构的剪力图和弯矩图

结构图	剪力图	弯矩图
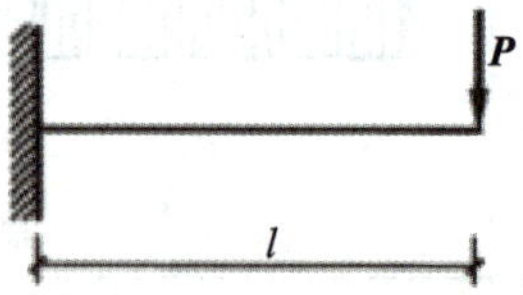		
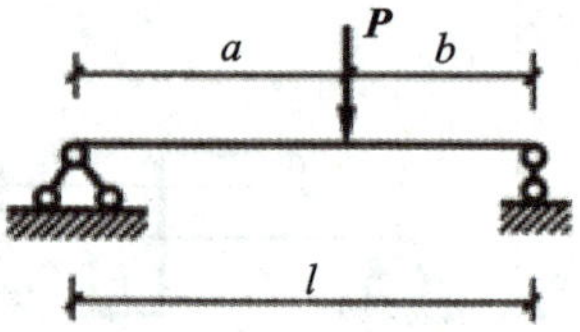		
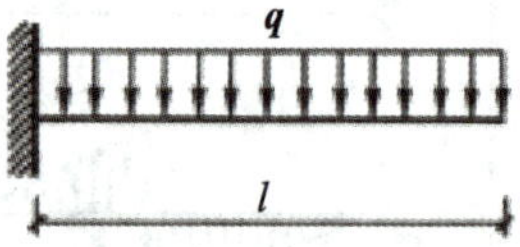		
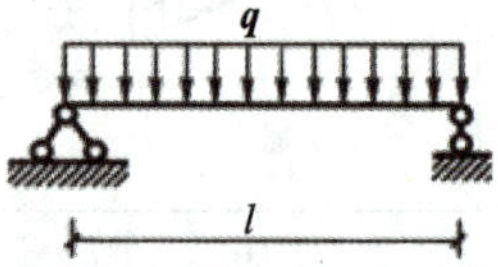		

学习效果评价反馈		
学生自评	1. 会列剪力方程、弯矩方程 ☐ 2. 会分析梁式结构的受力特点 ☐ 3. 会画剪力图和弯矩图 ☐ (根据本人实际情况填写:A. 会;B. 基本会;C. 不会)	
学习小组评价	团队合作☐ 工作效率☐ 交流沟通能力☐ 获取信息能力☐ 写作能力☐ 表达能力☐ (根据小组完成任务情况填写:A. 优秀;B. 良好;C. 合格;D. 有待改进)	
教师评价		
个人总结与反思		

课后习题

一、填空题

1.把梁各截面的剪力或弯矩表示成_____的函数,称为梁的剪力方程或弯矩方程。

2.建立梁的剪力方程或弯矩方程时,需要以梁的一端为坐标原点,沿梁的轴线方向建立 x 轴,任意截面的剪力或弯矩就表示成_____的函数。画出剪力方程或弯矩方程的函数曲线,曲线与_____围成的面积称为剪力图或弯矩图。

3.任意一个截面可以把梁分为_____段。建立梁的剪力方程或弯矩方程时,截面不能取在_____或_____作用点的截面上。

4.画剪力图、弯矩图的简便方法如下。

(1)无外力作用的梁段。

剪力图是_____,求出任一截面的剪力可画出剪力图。

弯矩图是_____,确定该梁段两端临近截面的弯矩可画出弯矩图。

(2)均布荷载作用的梁段。

剪力图是_____,确定该梁段两端临近截面的剪力可画出剪力图。

弯矩图是_____, 凹向与_____同向,确定该梁段两端临近截面和剪力为零截面的弯矩可画出弯矩图。

(3)集中力作用处。

剪力图有_____,大小等于_____,方向与_____相同。

弯矩图有_____,集中力两侧临近截面弯矩_____。

(4)集中力偶作用处。

剪力图_____。

弯矩图有_____,大小等于_____,向_____突变。

(5)最大弯矩可能在_____、_____作用的截面上或均布荷载作用时剪力等于_____的截面上。

二、作图题

1.悬臂梁如图 4-22 所示。列梁的剪力方程、弯矩方程,画出梁的剪力图、弯矩图。

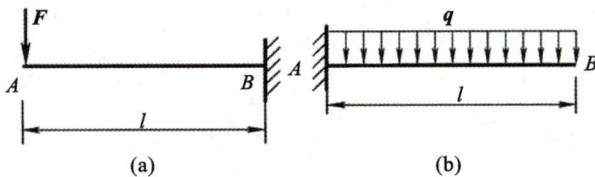

图 4-22

2.用画剪力图和弯矩图的简便方法,画出图 4-23 所示梁的剪力图、弯矩图。

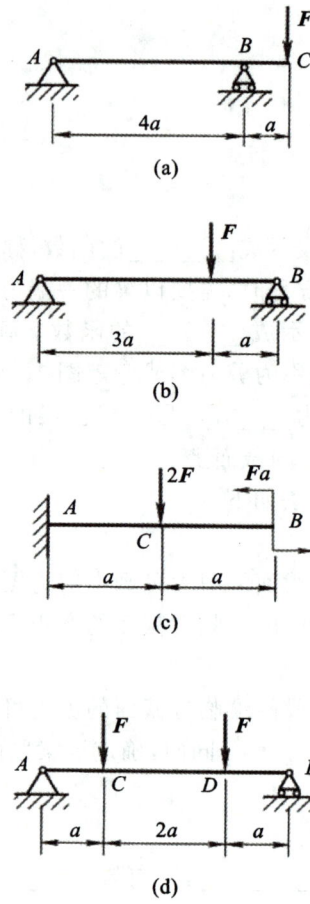

(a)

(b)

(c)

(d)

图 4-23

模块5 剪切构件和扭转 构件力学分析

学习任务 1 剪切构件力学分析

学习目标

1. 能描述工程实际中连接件受剪切与挤压的问题。
2. 知道剪切变形的受力特点与变形特点。
3. 会进行剪切与挤压的实用计算。
4. 能解释剪应力互等定理和剪切胡克定律。

任务描述

两块钢板用铆钉连接，如图 5-1 所示。已知钢板和铆钉的材料相同，材料的许用正应力 $[\sigma]=170$ MPa，许用剪应力 $[\tau]=140$ MPa，许用挤压应力 $[\sigma_c]=200$ MPa，铆接件所受的拉力 $P=100$ kN。试校核铆接件的强度。

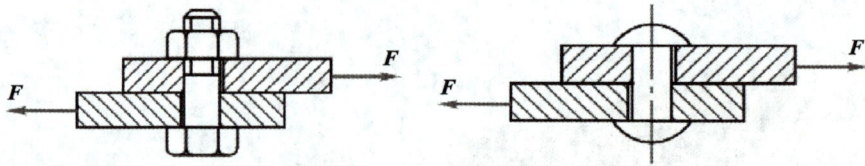

图 5-1(尺寸单位:mm)

学习引导

本学习任务的脉络如图 5-2 所示。

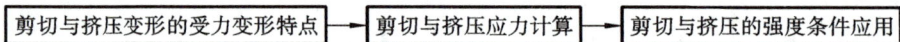

剪切与挤压变形的受力变形特点 → 剪切与挤压应力计算 → 剪切与挤压的强度条件应用

图 5-2

相关知识

1. 剪切与挤压的实用计算

1)剪切概述

剪切变形是杆件的基本变形之一。它是指杆件受到一对大小相等、方向相反、作用线相距很近并且方向垂直于杆轴的力作用,两个力间的横截面将沿力的方向发生相对错动。这种变形就是剪切变形。两个力之间发生相对错动的截面称为剪切面。当力足够大时,杆件将沿剪切面剪断。只有一个剪切面的剪切称为单剪,有两个剪切面的剪切称为双剪。

工程中常用螺栓、铆钉、销钉等连接件将两个零部件连接起来。在结构中,连接对整个结构的牢固和安全起着重要作用,应足够重视。

我们以图 5-3 所示的螺栓连接为例,说明连接的受力特点及可能产生的各种破坏现象。如图 5-3(a)所示,当钢板受到拉力 P 的作用后,螺栓主要在截面 m—m 处产生剪切变形。若力 P 过大或螺栓直径偏小,螺栓可能沿 m—m 截面被剪断而发生剪切破坏,如图 5-3(b)所示。m—m 截面称为剪切面。剪切面上的内力 Q 为剪力,相应的应力 τ 为剪应力。螺栓除可能发生剪切破坏外,还可能发生局部挤压破坏。这是因为在螺栓和钢板相互传递作用力的过程中,螺栓的半圆柱面与钢板的圆孔内表面压紧。若力 P 过大或接触面偏小,钢板孔的内壁可能被压皱,螺栓表面可能被压扁,这就是挤压破坏。图 5-3(a)所示螺栓和钢板孔的挤压面为一半圆柱面。接触面上的压力为挤压力 P_c,显然 $P_c = P$;相应的应力为挤压应力 σ_c。

　　显然,为了防止连接在受力后可能发生的各种破坏,在设计连接时,必须根据受力分析对其有关部分进行强度校核。由于连接件大多为粗短杆,应力和变形规律比较复杂,因此理论分析十分困难,通常采用实用计算法。

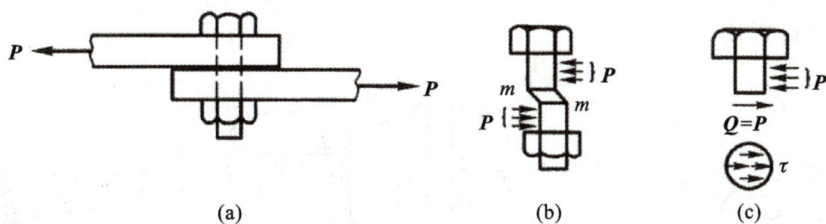

图 5-3

2)剪切的实用计算

　　剪切的实用计算的基本点是假定剪切面上的剪应力是均匀分布的。剪应力计算公式为

$$\tau = \frac{Q}{A}$$

式中:Q——剪切面上的剪力;

　　　A——剪切面的面积。

　　显然,剪应力计算公式确定的剪应力,实际上是剪切面上的平均剪应力。对与这类连接件实际受力相同或相近的试件进行剪切试验确定破坏荷载,按照剪应力计算公式算出材料的极限剪应力,再除以安全系数,可以得到材料的许用剪应力$[\tau]$。

　　因此,剪切强度条件可以表示为

$$\tau = \frac{Q}{A} \leqslant [\tau]$$

　　实践表明,这种计算方法是可靠的,可以满足工程需要。

3)挤压的概述

　　连接件在受剪切的同时,两个构件接触面因为压紧会产生局部受压,称为挤压。剪切构件除可能被剪断外,还可能发生挤压破坏。挤压破坏的特点:构件接触的表面承受较大的压力作用,使接触处的局部区域产生显著的塑性变形或被压碎。在接触处产生的变形称为挤压变形。图 5-3(a)所示的螺栓连接中,作用在钢板上的拉力通过钢板与螺栓的接触面传递给螺栓,接触面上就产生挤压。两个构件的接触面称为挤压面;作用于接触面的压力称为挤压力;挤压面上的压应力称为挤压应力。当挤压力过大时,孔壁边缘将受压变形,螺杆局部压扁,圆孔变成椭圆,连接松动,这就是挤压破坏。

4)挤压的实用计算

　　挤压的实用计算假定挤压应力 $\boldsymbol{\sigma}_c$ 在计算挤压面上均匀分布,所以挤压应力为

$$\sigma_c = \frac{P_c}{A_c}$$

　　这里需要注意的是挤压面积 A_c 的计算。如图 5-4(a)所示的键连接,实际挤压面是一个平面,这时计算挤压面的面积就等于实际挤压面的面积。对于螺栓、销钉这类连接件,它们的实际挤压面是半个圆柱面,如图 5-5(a)所示;其上挤压应力的分布情况比较复杂,如图 5-5(b)所

示,点 B 处的挤压应力最大,两侧为零。在实用计算中,以实际挤压面的正投影面积(或称直径面积)作为计算挤压面积[图 5-5(c)],即

$$A_c = t \cdot d$$

式中:t——钢板厚度;

d——铆钉直径。

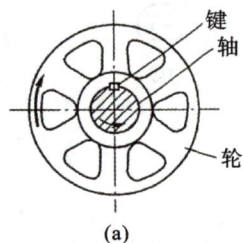

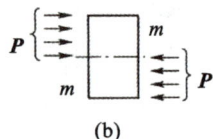

图 5-4

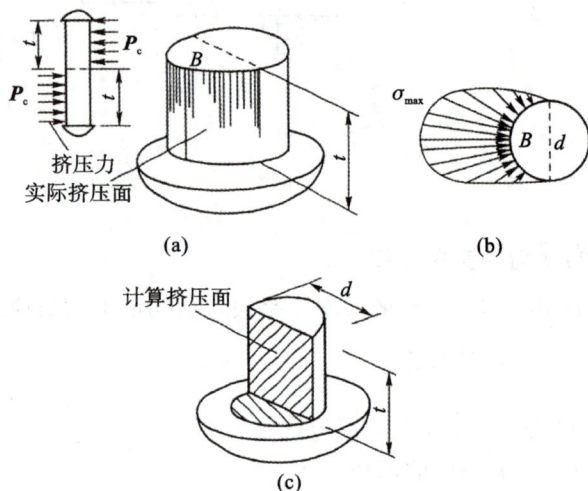

图 5-5

按照连接件的实际工作情况,由试验测定使其半圆柱表面被压溃的挤压极限荷载,然后按实用挤压应力计算公式算出其挤压的极限应力,再除以适当的安全系数可以得到材料的许用挤压应力$[\sigma_c]$。

因此,连接件的挤压强度条件为

$$\sigma_c = \frac{P_c}{A_c} \leqslant [\sigma_c]$$

各种常用工程材料的许用挤压应力可由有关规范查得。钢连接件的许用挤压应力与钢材的许用应力的关系为

$$[\sigma_c] = (1.7 \sim 2.0)[\sigma]$$

2. 剪切的应力-应变关系

1)剪切胡克定律

杆件剪切变形时,杆内与外力平行的截面就会产生相对错动。在杆件受剪部位中的某点取一个微小的直角六面体(单元体)放大,如图 5-6(a)所示。剪切变形时,在剪应力作用下,截面发生相对滑动,致使直角六面体变为斜平行六面体。原来的直角有了微小的变化,这个直角的改变量,即为剪应变,用 γ 表示,它的单位是弧度(rad)。

试验证明:当剪应力不超过材料的比例极限时,剪应力与剪应变成正比[图 5-6(b)],即

$$\tau = G\gamma$$

上式称为剪切胡克定律。式中,G 为材料的剪切弹性模量,是表示材料抵抗剪切变形能力的量,其单位与应力相同,常采用 GPa。各种材料的 G 均由试验测定。钢的 G 约为

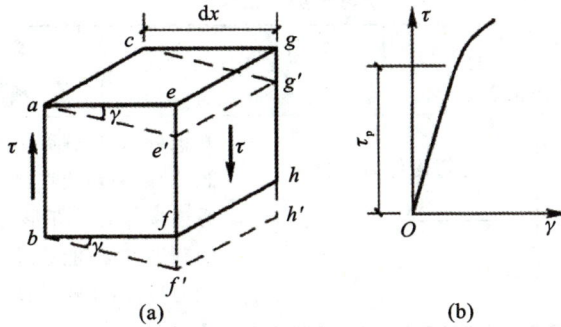

图 5-6

80 GPa。G 值越大,材料抵抗剪切变形的能力越大。G 是材料的刚度指标之一。对于各向同性的材料,E、G、μ 的关系为

$$G = \frac{E}{2(1+\mu)}$$

2)剪应力互等定理

现在进一步研究单元体的受力情况。假设单元体的边长分别为 dx、dy、dz,如图 5-7 所示。已知单元体左右两侧面上无正应力,只有剪应力。这两个面上的剪应力数值相等,但方向相反。于是这两个面上的剪力组成一个力偶,其力偶矩为 $(\tau dzdy)dx$。单元体的前、后两个面上无任何应力。因为单元体是平衡的,所以它的上、下两个面上必存在大小相等、方向相反的剪应力 τ',它们组成的力偶矩为 $(\tau'dzdx)dy$,应与左、右面上的力偶平衡,即

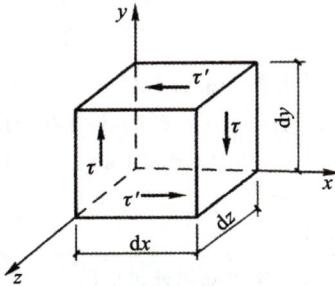

图 5-7

$$(\tau'dzdx)dy = (\tau dzdy)dx$$

由此可得

$$\tau' = \tau$$

上式表明,在相互垂直的两个平面上,剪应力必然成对存在,且数值相等;两者都垂直于这两个平面的交线,方向则共同指向或共同背离这条交线。这个规律称为剪应力互等定理。

上述单元体的两个侧面上只有剪应力而无正应力,这种受力状态称为纯剪切应力状态。剪应力互等定理对纯剪切应力状态或剪应力和正应力同时存在的应力状态都是适用的。

学习任务 1 工作页

班级		姓名		学号	

任务描述		预期目标
任务名称	剪切构件力学分析	知识目标:理解剪切变形及剪力、挤压力的概念;理解剪切胡克定律和剪应力互等定理;熟悉连接件的破坏形态;掌握剪切面和挤压面的判别方法;能够进行剪切和挤压实用计算。
任务编号	1	能力目标:能够对连接件中普通螺栓、铆钉进行强度验算。
知识类型	认知型	素质目标:具有求知欲和刻苦学习、钻研的精神,具有归纳总结的能力

知识认知

看图并查阅资料,回答相关问题

图片	问题	应用原理及公式
	已知 $F=100$ kN,销钉直径 $d=30$ mm,材料的许用应力为 60 MPa。强度不够时应改用多大直径的销钉	
	铆接钢板的厚度 $t=10$ mm。铆钉直径 $d=17$ MPa,许用挤压应力为 320 MPa,$F=24$ kN。试进行强度校核	

学习效果评价反馈		
学生自评	1.能理解剪切变形及剪力、挤压力的概念	☐
	2.能掌握剪切面和挤压面的判别方法	☐
	3.能进行剪切和挤压实用计算	☐
	(根据本人实际情况填写:A.会;B.基本会;C.不会)	
学习小组评价	团队合作☐ 工作效率☐ 交流沟通能力☐ 获取信息能力☐ 写作能力☐ 表达能力☐	
	(根据小组完成任务情况填写:A.优秀;B.良好;C.合格;D.有待改进)	
教师评价		
个人总结与反思		

思考题

1.写出实用计算的剪切强度条件(内容、表达式)。剪切强度计算的三类问题是什么?

2.说明有效挤压面面积的两种计算方法。写出实用计算的挤压强度条件(内容、表达式)。挤压强度计算的三类问题是什么?

3.拉(压)杆通过铆钉连接时,连接处的强度计算包括哪些计算?

4.简述剪应力互等定理。

5.简述剪切变形的受力特点和变形特点。

6.什么是挤压变形? 挤压与压缩有什么区别?

课后习题

一、填空题

1.构件剪切变形的受力特点:沿杆件的横向两侧作用大小_____、方向_____、作用线平行且_____的一对力。构件剪切变形的变形特点:两个力作用线之间的截面发生了_____。产生相对错动的截面称为_____。

2.挤压变形是指在两个构件相互机械作用的_____上,由于局部承受较大的作用力,而出现的_____或_____现象。构件发生_____的接触面称为挤压面。

3.剪切变形的内力_____于剪切面,用_____表示。剪应力在剪切面上的分布实际上是_____,工程实际中通常假定剪应力在剪切面上是_____分布的,用公式_____表示。

4.在挤压面上,由挤压力引起的_____称为挤压应力。挤压应力在挤压面上的分布实际上是_____,工程实际中假定挤压应力是_____分布的,用公式_____表示。

二、选择题

1.在校核构件的抗剪强度和抗挤压强度时,当其中一个应力超过许用应力时,构件的强度就(　　)。

A.满足　　　　　　B.不满足　　　　　　C.无法确定

2.图5-8所示螺栓接头的剪切面大小是(　　),挤压面大小是(　　)。

A.$2\pi Dh$　　　　　B.$\dfrac{\pi}{4}(D^2-d^2)$　　　C.πdh　　　　　　　D.$2\pi dh$

三、判断题

1.当挤压面为圆柱体侧面时,挤压面面积的计算按该圆柱体侧面的正投影面计算。
　　　　　　　　　　　　　　　　　　　　　　　　　　　　　　　　(　　)

2.当切应力不超过材料的剪切比例极限时,剪应力与剪应变成正比。　　(　　)

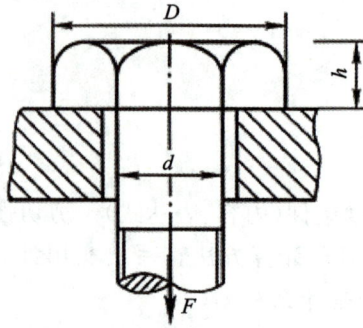

图 5-8

3.螺栓接头通常加上垫圈,增加构件挤压面的面积,能防止螺栓松动。　　　　（　　）

四、计算题

1.插销接头如图 5-9 所示,已知 $F=200$ kN,$t=20$ mm,插销材料的许用剪应力$[\tau]=$80MPa,许用挤压应力$[\sigma_{jy}]=200$ MPa。试设计插销的直径 d。

2.联轴键如图 5-10 所示。已知轴径 $d=70$ mm,键的尺寸 $l\times b\times h=100$ mm×20 mm×12 mm,传递的外力矩 $M=2$ kN·m,键的许用应力$[\tau]=100$ MPa,$[\sigma_{jy}]=300$ MPa。试校核键的强度。

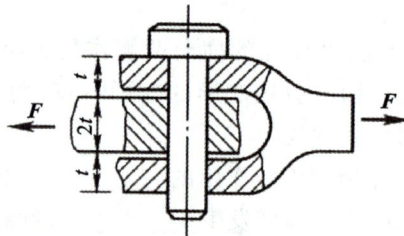

图 5-9

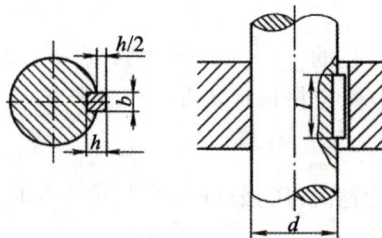

图 5-10

学习任务 2　扭转构件力学分析

学习目标

1. 会描述工程实际中的扭转问题。
2. 会描述圆轴扭转时的受力特点与变形特点。
3. 会计算外力偶矩及圆轴横截面上的内力(扭矩)，并绘制扭矩图。
4. 会分析圆轴扭转时截面上剪应力的分布规律及剪应力计算公式。
5. 会计算受扭圆轴的强度问题。

任务描述

扭转构件(图 5-11)在土木工程、机械工程以及生活中较为常见,它们正常工作时必须满足强度、刚度、稳定性的要求。本任务将研究扭转构件的强度与刚度问题。

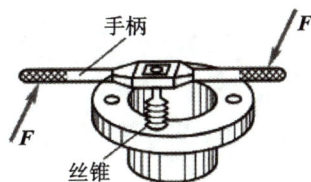

图 5-11

学习引导

本学习任务的脉络如图 5-12 所示。

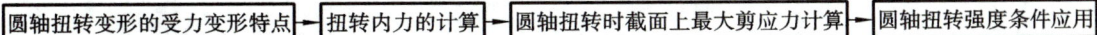

圆轴扭转变形的受力变形特点 → 扭转内力的计算 → 圆轴扭转时截面上最大剪应力计算 → 圆轴扭转强度条件应用

图 5-12

相关知识

1. 实际中的扭转问题

扭转是杆件变形的另一种形式。在日常生活和工程实际中,我们经常会遇到以扭转变形为主的杆件。如图 5-13 所示,驾驶员转动转向盘时,相当于在转向轴的 A 端施加一个作用面与转向轴垂直的力偶,与此同时,转向轴的 B 端受到来自转向器的阻力偶的作用,这两个作用于转向轴上的反向力偶使转向轴产生扭转变形。房屋的雨篷梁(图 5-14)、用螺丝刀拧紧螺丝时的螺丝刀杆(图 5-15)等，都是以扭转为主要变形形式的物体。工程上通常将以扭转变形为主要变形形式的圆形杆件统称为轴。

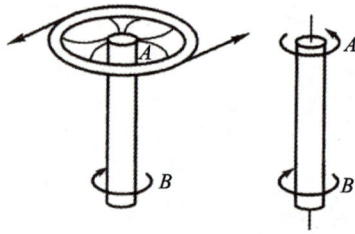

图 5-13

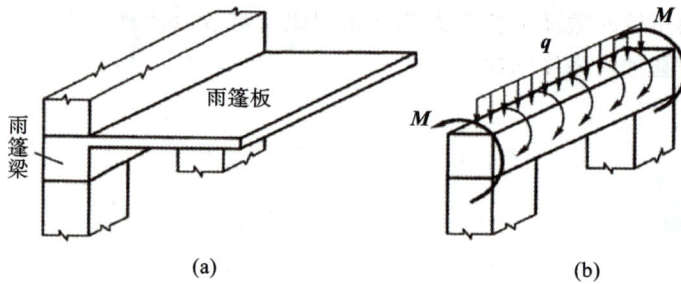

(a)   (b)

图 5-14

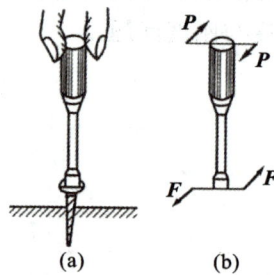

(a)   (b)

图 5-15

2. 扭转时的内力

1)外力偶矩的计算

在工程实际中，作用于轴上的外力偶矩往往不是直接给出的，通常给出轴传递的功率和轴的转速。外力偶矩与轴传递的功率和轴的转速的关系是

$$M_e = 9549 \times \frac{N}{n}$$

式中：M_e——外力偶矩，N·m；

N——轴传递的功率，kW；

n——轴的转速，r/min。

可以看出，轴承受的力偶矩与传递的功率成正比，与轴的转速成反比。因此，在传递同样的功率时，低速轴所受的力偶矩比高速轴大。所以在一个传动系统中，低速轴的直径比高

速轴的直径大。

2)扭转时的内力——扭矩

当杆受到外力偶作用产生扭转变形时,杆的横截面上产生相应的内力,称为扭矩,用 T 表示。扭矩的常用单位是牛·米(N·m)或千牛·米(kN·m)。

扭矩可用截面法求出。如图 5-16(a)所示,圆轴 AB 受外力偶作用。若求任意横截面 m—m 上的内力,可假想将轴沿截面 m—m 截开,任取一段(如左段)为分离体,如图 5-16(b)所示。由于 A 端作用一个外力偶 M_e,为了保持左段平衡,在截面 m—m 平面内,必然存在内力偶 T 与它平衡。由平衡条件可知,$T = M_e$。

若取轴的右段为研究对象[图 5-16(c)],也可得到同样的结果。

为了使以左、右两段为研究对象求得的同一截面上的扭矩不仅数值相等,而且正负号也相同,需对扭矩的符号作如下规定:采用右手螺旋法则(图 5-17),如果用四指表示扭矩的转向,当拇指的指向与截面的外法线的方向相同时,规定该扭矩为正;反之为负。

为了形象地表示扭矩沿杆轴线的变化规律,以便分析危险截面的位置,可仿照轴力图的绘制方法绘制扭矩图。通常规定沿轴线方向的横坐标表示横截面的位置,垂直于轴线的纵坐标表示相应横截面上扭矩的数值。习惯上将正的扭矩画在横坐标轴的上侧,将负的扭矩画在横坐标轴的下侧。这种反映扭矩随截面位置变化的图称为扭矩图。

现举例说明扭矩的计算及扭矩图的绘制方法。

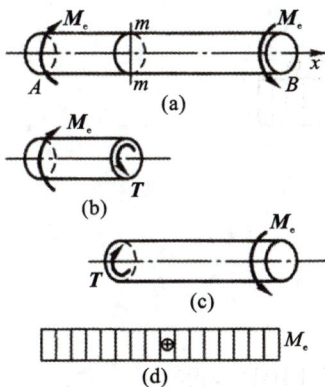

图 5-16

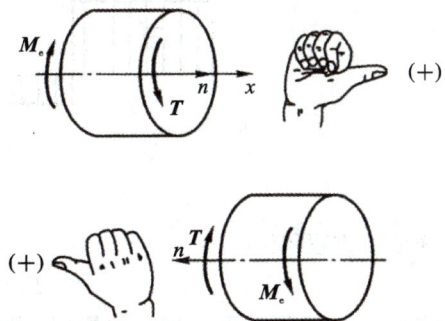

图 5-17

例 5-1　试画出图 5-18(a)所示圆轴的扭矩图。

解:(1)用截面法计算 AB、BC 及 CD 段的扭矩。

AB 段:用截面 Ⅰ—Ⅰ 将轴截为左、右两段,保留左段为研究对象,并以 T_1 表示该截面的扭矩,假设该截面扭矩的转向如图 5-18(b)所示(规定扭矩按正方向画出)。

列平衡方程:

$$\sum M_x = T_1 - 6 \text{ kN} \cdot \text{m} = 0$$

解平衡方程得

$$T_1 = 6 \text{ kN} \cdot \text{m}$$

BC 段:计算截面 Ⅱ—Ⅱ 的扭矩时,考虑左段的平衡[图 5-18(c)]。

列平衡方程:

$$\sum M_x = T_2 + (8 - 6) \text{ kN} \cdot \text{m} = 0$$

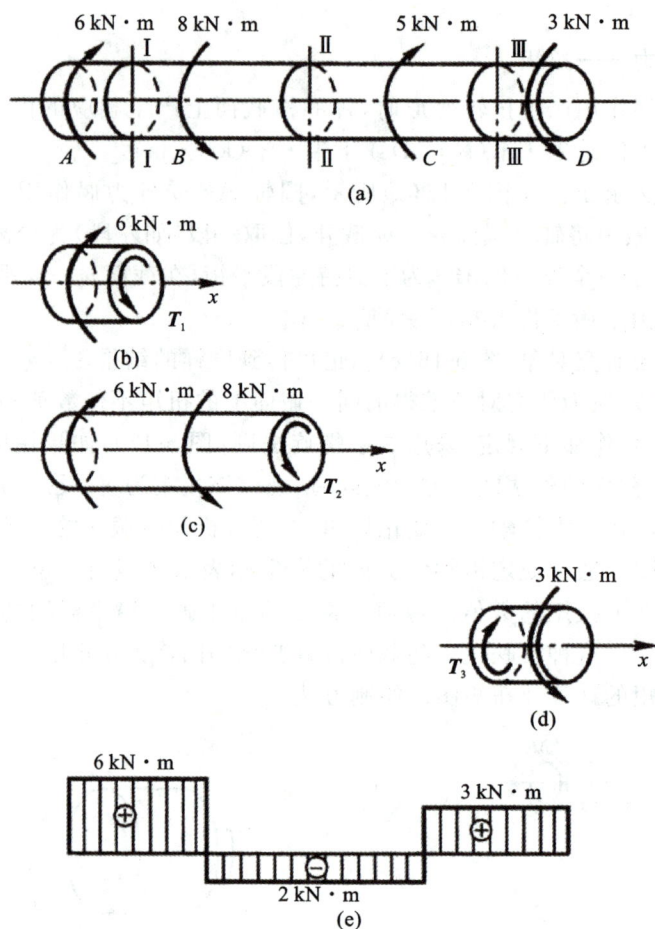

图 5-18

解平衡方程得

$$T_2 = -2 \text{ kN} \cdot \text{m}$$

CD 段:计算截面Ⅲ—Ⅲ的扭矩时,考虑右段的平衡[图 5-18(d)],得

$$T_3 = 3 \text{ kN} \cdot \text{m}$$

T_1 及 T_3 为正值,表示假设的转向与实际的转向一致,且为正扭矩;T_2 为负值,表示假设的转向与实际的转向相反,且为负扭矩。

(2)画扭矩图。

由于在每一段轴内扭矩的数值是不变的,扭矩图由三段水平线组成[图 5-18(e)]。该轴的最大扭矩为 $|T|_{max} = 6 \text{ kN} \cdot \text{m}$。

3. 圆轴扭转时的强度计算

1)横截面上的最大剪应力

对同一截面而言,T、I_p 均为常量,因此,剪应力 τ_ρ 与 ρ 成正比。在圆心处,τ_ρ 为零;在截面周边,τ_ρ 最大,按直线分布。当 $\rho = \rho_{max}$ ($\rho = \dfrac{D}{2}$)时,圆轴横截面上的剪应力最大,最大剪应力为

$$\tau_{\max} = \frac{T}{I_p}R$$

若令 $W_p = \dfrac{I_p}{\rho_{\max}}$，上式可以写成

$$\tau_{\max} = \frac{T}{W_p}$$

W_p 为抗扭截面模量，是表示圆轴抵抗扭转破坏能力的几何参数，单位是 cm^3 或 mm^3。公式表明，最大剪应力与横截面上的扭矩成正比，与抗扭截面模量成反比。抗扭截面模量越大，最大剪应力越小；抗扭截面模量越小，最大剪应力越大。

直径为 D 的实心圆截面的抗扭截面模量为

$$W_p = \frac{I_p}{\frac{D}{2}} = \frac{\frac{\pi D^4}{32}}{\frac{D}{2}} = \frac{\pi D^3}{16} \approx 0.2D^3$$

内外径比 $\dfrac{d}{D} = \alpha$ 的空心圆截面的抗扭截面模量为

$$W_p = \frac{\pi D^3}{16}(1 - \alpha^4) \approx 0.2D^3(1 - \alpha^4)$$

例 5-2　如果某轴的直径 $D = 50$ mm，横截面上的扭矩 $T = 1170.7$ N·m，截面上点 A 到圆心的距离 $\rho_A = 15$ mm，试求该横截面上 A 点的剪应力和最大剪应力。

解：圆截面对圆心的极惯性矩与抗扭截面系数分别为

$$I_p = \frac{\pi D^4}{32} = \frac{\pi \times 50^4}{32} \ mm^4$$

$$W_p = \frac{\pi D^3}{16} = \frac{\pi \times 50^3}{16} \ mm^3$$

由公式可得

$$\tau_A = \frac{T}{I_p}\rho_A = \frac{1170.7 \times 10^3 \times 15}{\frac{\pi \times 50^4}{32}} = 28.62 \ MPa$$

$$\tau_{\max} = \frac{T}{W_p} = \frac{1170.7 \times 10^3}{\frac{\pi \times 50^3}{16}} = 47.7 \ MPa$$

2）圆轴扭转的强度条件

为了保证圆轴的正常工作，应使圆轴内的最大工作剪应力不超过材料的许用剪应力。对于扭矩沿轴长有变化的等截面圆轴，扭矩最大的横截面周边各点处的剪应力最大。圆轴扭转时的强度条件为

$$\tau_{\max} = \frac{T_{\max}}{W_p} \leqslant [\tau]$$

式中：$T_{\max}$——轴的最大扭矩；

$[\tau]$——材料的许用剪应力。

许用剪应力 $[\tau]$ 是根据扭转试验并考虑适当的安全系数确定的，各种材料的许用剪应力可查阅有关手册获得。许用剪应力与许用拉应力有一定的关系。

钢材的许用剪应力为

$$[\tau] = (0.5 \sim 0.6)[\sigma]$$

铸铁的许用剪应力为

$$[\tau] = (0.8 \sim 1.0)[\sigma]$$

式中：$[\sigma]$——材料的许用拉应力。

因此，我们可用拉伸时的许用拉应力来估计许用剪应力。由于机器轴一类的构件除扭转外，还有弯曲变形，且有动荷载影响，实际所用的值要比估计值低一些。

根据强度条件，我们可以对扭转轴进行强度校核、设计截面尺寸和确定许可扭矩。

例 5-3 某传动轴横截面上的最大扭矩 $T_{max} = 1.5$ kN·m，材料的许用剪应力 $[\tau] = 50$ MPa。(1)若用实心轴，确定实心轴直径 D_1。(2)若改用空心轴且 $\alpha = \dfrac{d}{D} = 0.9$，确定空心轴内径 d 和外径 D；(3)比较空心轴和实心轴的质量。

解： 由圆轴扭转的强度条件得传动轴所需的抗扭截面模量为

$$W_p = \frac{T_{max}}{[\tau]} = \frac{1.5 \times 10^6}{50} = 3 \times 10^4 \text{ mm}^3$$

(1)确定实心轴的直径 D_1。

由

$$W_p = \frac{\pi D_1^3}{16}$$

得

$$D_1 = \sqrt[3]{\frac{16 W_p}{\pi}} \geqslant \sqrt[3]{\frac{16 \times 3 \times 10^4}{\pi}} \text{ mm} = 53.5 \text{ mm}$$

取 $D_1 = 54$ mm。

(2)确定空心轴的内径 d 和外径 D。

空心轴的抗扭截面模量为

$$W_p = \frac{\pi D^3}{16}(1 - \alpha^4)$$

外径 D 为

$$D = \sqrt[3]{\frac{16 W_p}{\pi(1 - \alpha^4)}} = \sqrt[3]{\frac{16 \times 3 \times 10^4}{\pi(1 - 0.9^4)}} \text{ mm} = 76.3 \text{ mm}$$

内径 d 为

$$d = \alpha D = 0.9 \times 76.3 \text{ mm} = 68.7 \text{ mm}$$

取 $D = 77$ mm，$d = 69$ mm。

(3)比较空心轴和实心轴的质量。

两根长度和材料都相同的轴，它们的质量比等于它们的横截面面积之比，即

$$\frac{m_{空}}{m_{实}} = \frac{A_{空}}{A_{实}} = \frac{\frac{\pi}{4}(D^2 - d^2)}{\frac{\pi}{4} D_1^2} = \frac{77^2 - 69^2}{54^2} = 0.401 = 40.1\%$$

可见，当两轴具有相同的承载能力时，空心轴比实心轴轻，可以节省大量材料，减轻自重。因为采用实心轴时，圆截面边缘处的剪应力达到许用剪应力，而圆心附近的剪应力很小，这部分材料未得到充分利用，如将这部分材料移到离圆心较远的位置，使实心轴成为空心轴，可以提高材料的利用率并增大抗扭截面模量，从而提高圆轴的承载能力。

学习任务 2 工作页

班级		姓名		学号	
任务描述				**预期目标**	
任务名称	剪切构件力学分析			知识目标：掌握圆轴扭转强度条件及其应用；了解圆轴扭转时的变形以及刚度条件；正确理解、熟练掌握扭转剪应力、扭转变形、扭转强度和扭转刚度的计算。 能力目标：能正确判断圆轴扭转变形的刚度和强度；能对圆轴扭转变形的受力状态和内力分布进行图形表达；初步掌握圆轴扭转变形承载能力的计算方法，能对简单问题进行计算。 素质目标：具有求知欲和刻苦学习、钻研的精神，具有归纳总结的能力	
任务编号	2				
知识类型	认知型				

知识认知					
看图并查阅资料，回答相关问题					

图片	问题	应用原理及公式
	传动轴直径 $d = 50$ mm，轴长 $l = 1$ m，作用主动力偶矩 $M_1 = 3$ kN·m，从动力偶矩 $M_2 = 2$ kN·m、$M_3 = 1$ kN·m，试计算 C 轮相对 B 轮的相对扭转角 φ_{BC}	
	传动轴直径 $d = 75$ mm，轴长 $l = 1$ m，作用主动力偶矩 $M_1 = 1800$ kN·m、$M_2 = 1200$ kN·m，轴材料的剪切模量 $G = 80$ Gpa，试求最大剪应力	

续表

学习效果评价反馈	
学生自评	1.圆轴发生扭转时,横截面上的内力是一个力偶矩(　　　),截面上只有剪应力(　　　)　　　　　　　　　　　　　　　□ 2.圆轴扭转时的强度条件为(　　　)　　　　　　　　　　□ 3.圆轴扭转时,其横截面上的剪应力与半径(　　　),在同一半径的圆周上各点的剪应力(　　　),同一半径上各点的应力按(　　　)规律分布,轴线上的剪应力为(　　　),外圆周上各点剪应力(　　　)　　　□ (根据本人实际情况填写:A.会;B.基本会;C.不会)
学习小组评价	团队合作□　工作效率□　交流沟通能力□　获取信息能力□　写作能力□　表达能力□ (根据小组完成任务情况填写:A.优秀;B.良好;C.合格;D.有待改进)
教师评价	
个人总结与反思	

思考题

1.直径、长度相同,材料不同的两轴在相同扭矩作用下的最大剪应力与扭转角是否相同?

2.“与实心轴相比,空心轴的抗扭截面模量大,承载能力强”的说法正确吗,为什么?

3.当轴的扭转角超过许用扭转角时,用什么方法来降低扭转角?若改用优质材料,好不好?

4.工程中为什么常用空心轴?

课后习题

一、填空题

1.由试验观察和平面假设可知,圆轴扭转变形时,相邻截面绕轴线相对转动,横截面必有＿＿＿＿于截面的＿＿＿＿应力;轴线长度不变,横截面的间距＿＿＿＿,横截面不存在＿＿＿＿应力。

2.在横截面上距轴线为 ρ 的任一点处,剪应力的方向_____于点与轴线的连线,大小与 ρ 成_____,用公式 $\tau_\rho =$ _____表示。

3.圆截面的极惯性矩 $I_p =$ _____,单位是_____;抗扭截面模量 $W_p =$ _____,单位是_____。工程实用计算中,$I_p \approx$ _____,$W_p \approx$ _____。

4.截面的最大剪应力在_____的点上,等截面圆轴的最大剪应力一定在_____最大的横截面的点上。

5.圆轴扭转的剪应力强度准则是_____。

6.圆轴的扭转变形用两个横截面的_____来表示,计算公式为 $\varphi =$ _____,其中 GI_p 称为截面的_____。

7.单位轴长上的扭转角用公式 $\theta =$ _____确定,其单位是_____。

8.等截面圆轴的单位长度最大扭转角一定在_____的截面上。

9.圆轴扭转的刚度准则为_____。

二、选择题

1.空心圆截面的外径为 D、内径为 d,抗扭截面模量 $W_p =$ (　　　)。

A. $\frac{\pi}{16}(D^3 - d^3)$　　B. $\frac{\pi}{32}(D^3 - d^3)$　　C. $\frac{\pi}{16}(D^4 - d^4)$　　D. $\frac{\pi D^3}{32}(1 - \alpha^4)$

2.在(　　　)的条件下,空心轴比实心轴的抗扭截面模量大;在(　　　)的条件下,空心轴比实心轴的承载能力大;在(　　　)的条件下,空心轴比实心轴节省材料;在(　　　)的条件下,实心轴比空心轴的强度高;在(　　　)的条件下,与实心轴比较,空心轴可用较小的截面提供较大的扭转强度。

A.任何　　　　B.外径相同　　　C.等轴长　　　　D.等截面

3.材料不同,受力、截面和轴长都相同的两个圆轴的(　　　)是相同的,(　　　)是不同的。

A.最大应力　　B.强度　　　　C.变形　　　　D.刚度

三、判断题

1.圆轴扭转时,实心截面上没有剪应力等于零的点。　　　　　　　　　　　(　　　)

2.圆轴扭转时,空心截面上没有剪应力等于零的点。　　　　　　　　　　　(　　　)

3.与实心截面比较,空心截面充分发挥了截面各点的承载能力,因此是扭转变形的合理截面。　　　　　　　　　　　　　　　　　　　　　　　　　　　　　　　(　　　)

4.由于空心轴的承载能力大且节省材料,工程实际中的传动轴多采用空心截面。

(　　　)

模块小结

(1)剪切变形是基本变形之一。构件受到一对大小相等、方向相反、作用线互相平行且相距很近的横向力作用,相邻截面会发生相对错动。剪切变形时,剪切面上的内力称为剪力,剪切面上分布内力的集度称为剪应力。

连接件在产生剪切变形的同时,常伴有挤压变形,挤压面上的压力称为挤压力,挤压力在挤压面上的分布集度称为挤压应力。

剪切强度条件为

$$\tau = \frac{Q}{A} \leqslant [\tau]$$

挤压强度条件为

$$\sigma_c = \frac{P_c}{A_c} \leqslant [\sigma_c]$$

剪切胡克定律为

$$\tau = G\gamma$$

(2)圆轴扭转时,横截面上的内力是一个力偶矩(扭矩),截面上只有剪应力。

(3)圆轴扭转时,截面上的剪应力沿半径方向呈线性分布,圆心处为零,边缘处最大,方向垂直于半径。计算公式为

$$\tau_\rho = \frac{T}{I_p}\rho$$

$$\tau_{max} = \frac{T}{W_p}$$

式中:I_p、W_p 分别为截面的极惯性矩和抗扭截面模量。

直径为 D 的实心圆截面的极惯性矩和抗扭截面模量为

$$I_p = \frac{\pi D^4}{32} \approx 0.1D^4$$

$$W_p = \frac{\pi D^3}{16} \approx 0.2D^3$$

内外径比 $\frac{d}{D} = \alpha$ 的空心圆截面的极惯性矩和抗扭截面模量为

$$I_p = \frac{\pi D^4}{32}(1 - \alpha^4) \approx 0.1D^4(1 - \alpha^4)$$

$$W_p = \frac{\pi D^3}{16}(1 - \alpha^4) \approx 0.2D^3(1 - \alpha^4)$$

(4)圆轴扭转时的强度条件为

$$\tau_{max} = \frac{T}{W_p} \leqslant [\tau]$$

模块 6　细长压杆的稳定性分析

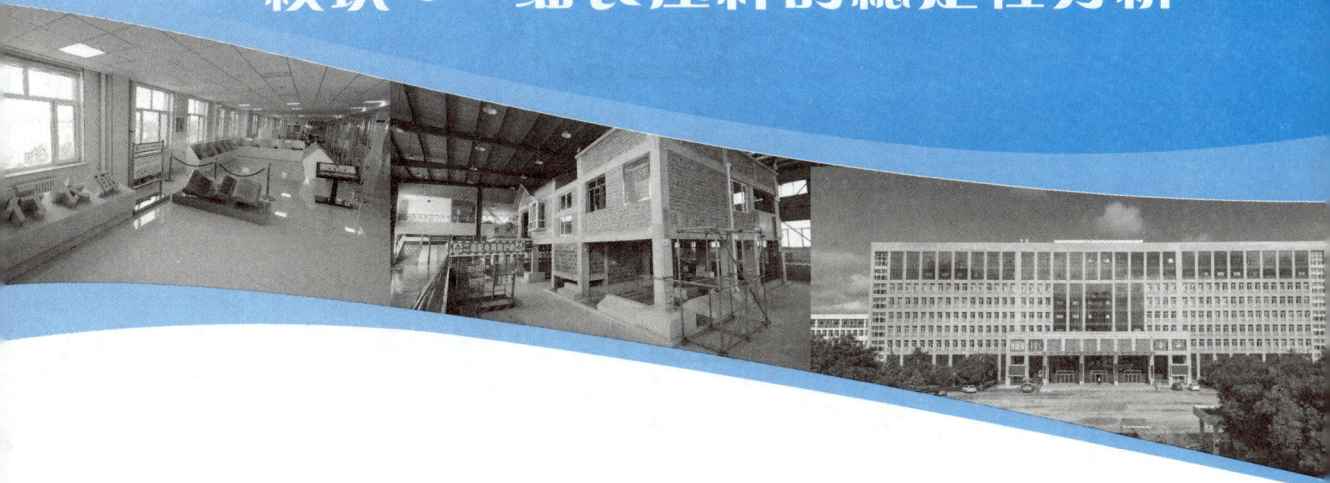

学习任务 1　压杆稳定的临界压力计算

1. 能描述工程实际中的压杆稳定问题。
2. 掌握稳定、失稳、临界压力的概念。
3. 会用欧拉公式求临界压力,能说明欧拉公式的适用范围。
4. 会查阅和使用脚手架操作规程。

桁架结构中的抗压杆、建筑物中的柱、施工中的钢管脚手架、机械中螺旋千斤顶的螺杆、内燃机气阀门的挺杆等都是压杆。这类构件除了要有足够的强度,还必须有足够的稳定性,才能正常工作。如图 6-1 所示,对影响钢管脚手架稳定性的步距、扣件的紧固程度、横向支撑等主要因素进行分析,并说明理由。

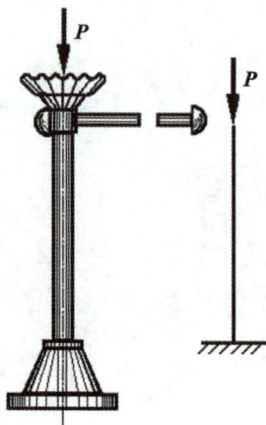

图 6-1

学习引导

本学习任务的脉络如图 6-2 所示。

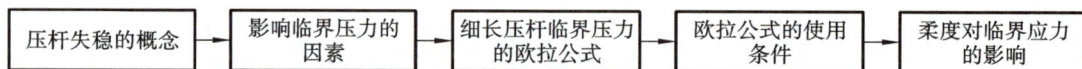

压杆失稳的概念 → 影响临界压力的因素 → 细长压杆临界压力的欧拉公式 → 欧拉公式的使用条件 → 柔度对临界应力的影响

图 6-2

相关知识

1. 压杆失稳的概念

图 6-3(a)所示的锯条处于直线平衡形态,当压力逐渐增加到某一值时,锯条会突然弯曲。可见,细长的压杆可能由直线的平衡状态突然转变为曲线的平衡状态。狭长矩形截面位置的梁[图 6-3(b)],也可能由平面弯曲的平衡状态突然转变为弯扭组合的平衡状态。薄壁圆筒扭转时可能突然皱折[图 6-3(c)]。单薄的拱可能突然偏离原来的平衡位置[图 6-3(d)]。平衡状态的突然转变会使构件丧失正常的功能。这种轴线不能维持原有直线平衡状态的现象称为压杆丧失了稳定性,简称压杆失稳。

构件的失稳往往是突然发生的,危害性较大。历史上曾多次发生因构件失稳而引起的重大事故。因此,稳定问题在工程设计中占有重要地位。

我们将轴线是直线、材料均匀、压力 P 的作用线与杆件的轴线重合的压杆称为理想压杆。下面通过图 6-4 所示的一端固定、一端自由的压杆来说明与稳定性有关的几个概念。当细长杆的压力 P 较小时,杆件保持直线平衡状态。此时,如果作用一个微小的横向干扰

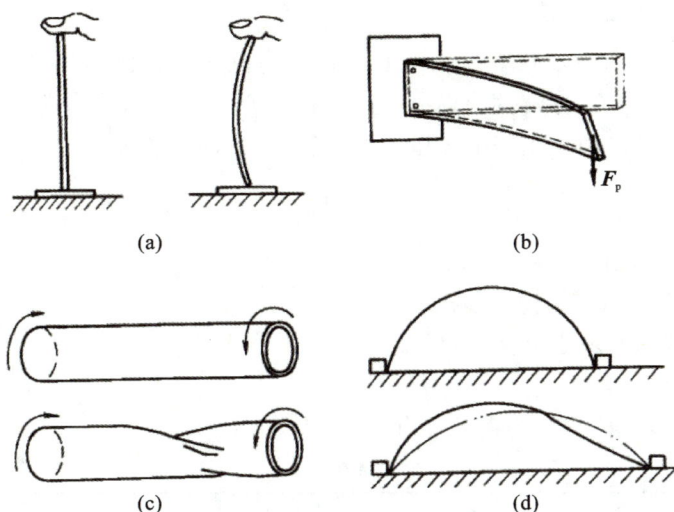

图 6-3

力,杆件就会突然弯曲,如图 6-4(a)所示。将干扰力去掉后,杆件自动恢复直线平衡状态。当压力继续增大到一定值时,再施加一个微小的横向干扰力,杆件弯曲,此时去掉干扰力,杆件保持曲线形状,不能恢复原状,如图 6-4(b)所示,即原来的直线平衡状态是不稳定的。压杆由稳定平衡状态过渡到不稳定平衡状态,称为压杆丧失稳定性,简称压杆失稳。从稳定平衡状态过渡到不稳定平衡状态的特定状态称为临界状态。临界状态下的压力 P_{cr} 称为临界压力。临界压力 P_{cr} 是判别压杆是否失稳的重要指标。如图 6-5 所示,$P < P_{cr}$ 时,平衡是稳定的;$P > P_{cr}$ 时,平衡是不稳定的。压杆的稳定性是指细长压杆在轴向力作用下保持其原有直线平衡状态的能力。

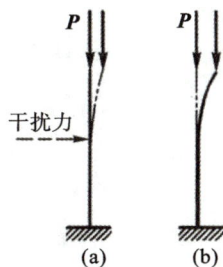

图 6-4

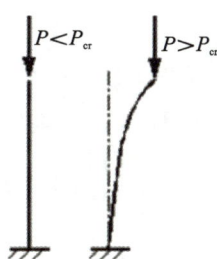

图 6-5

　　压杆失稳与强度破坏,就其性质而言是完全不同的,导致压杆失稳的压力比导致强度破坏的压力要小得多。因此,细长压杆必须进行稳定性计算。

2.细长压杆的临界压力和临界应力

1)压杆稳定的临界压力

　　当压杆所受压力小于某一数值时,直线形态的平衡是稳定的;当压力达到这一数值时,直线形态的平衡丧失稳定性,压杆屈曲失效。该压力数值称为压杆的临界压力,简称临界力,用 P_{cr} 表示。

　　我们可以从理论和试验两个方面分析压杆的临界压力。

2) 压杆临界压力的欧拉公式

通过试验得知,临界压力 $\boldsymbol{P}_{cr}$ 的大小与压杆的抗弯刚度成正比,与压杆的长度成反比,而且与杆端的支承情况有关(杆端约束越强,临界压力就越大)。在材料服从胡克定律和小变形条件下,我们可推导出细长压杆临界压力的计算公式,即欧拉公式。

$$P_{cr} = \frac{\pi^2 EI}{(\mu l)^2}$$

式中:E——材料的弹性模量;

l——杆的长度,μl 称为计算长度;

I——杆件横截面的最小惯性矩;

μ——长度系数。

长度系数 μ 与压杆两端的约束条件有关,如表 6-1 所示。

表 6-1

压杆的约束条件	长度系数
两端铰支	1
一端固定、另一端自由	2
两端固定	0.5
一端固定、另一端铰支	0.7

3) 欧拉公式的适用范围

(1)临界应力与柔度(长细比)。

当压杆处于临界状态时,杆件可以维持其直线形状的不稳定平衡状态,此时杆内的应力仍是均匀分布的,即

$$\sigma_{cr} = \frac{P_{cr}}{A} = \frac{\pi^2 EI}{(\mu l)^2 A}$$

式中:σ_{cr}——压杆的临界应力;

A——压杆的横截面面积。

惯性半径 $i = \sqrt{\dfrac{I}{A}}$,则上式可以写成

$$\sigma_{cr} = \frac{\pi^2 EI}{(\mu l)^2 A} = \frac{\pi^2 E}{\left(\dfrac{\mu l}{i}\right)^2}$$

μ 和 i 都是反映压杆几何性质的量,工程上用 μ 与 i 的比值来表示压杆的细长程度,叫作压杆的柔度或长细比。柔度用 λ 表示,是无量纲的量。

$$\lambda = \frac{\mu l}{i}$$

于是临界应力的计算公式可简化为

$$\sigma_{cr} = \frac{\pi^2 E}{\lambda^2}$$

上式是欧拉公式的另一种表达形式。压杆的柔度 λ 综合反映了杆长、约束条件、截面尺寸和形状对临界应力的影响。柔度越大,压杆越细长,临界应力越小,临界压力越小,压杆越易失稳。因此,柔度是压杆稳定计算中的一个十分重要的参数。

（2）欧拉公式的适用范围。

欧拉公式是在弹性条件下推导出来的，因此临界应力不应超过材料的比例极限，即

$$\sigma_{cr} = \frac{\pi^2 E}{\lambda^2} \leqslant \sigma_p$$

因此，使临界应力公式成立的柔度条件为

$$\lambda \geqslant \pi \sqrt{\frac{E}{\sigma_p}}$$

若用 λ_p 表示 $\sigma_{cr} = \sigma_p$ 时的柔度值，则有

$$\lambda_p = \pi \sqrt{\frac{E}{\sigma_p}}$$

显然，当 $\lambda \geqslant \lambda_p$ 时，欧拉公式才成立。通常将 $\lambda \geqslant \lambda_p$ 的杆件称为细长压杆或大柔度杆。只有细长压杆才能用欧拉公式计算杆件的临界压力和临界应力。

对于常用的 Q235A 钢，$E = 206$ GPa，$\sigma_p = 200$ MPa，可得

$$\lambda_p = \pi \sqrt{\frac{E}{\sigma_p}} = \pi \sqrt{\frac{206 \times 10^3}{200}} \approx 100$$

也就是说，对于由这种钢材制成的压杆，$\lambda \geqslant 100$ 时，欧拉公式才适用。其他常用材料的 λ、λ_p 如表 6-2 所示。

表 6-2

材料	λ	λ_p
Q235A 钢	100	61.4
优质碳钢	100	60
硅钢	100	60
铸铁	80	
硬铝	50	
松木	50	

4）压杆的临界应力总图

轴向受压直杆的临界应力与压杆的柔度有关。对于 $\lambda \geqslant \lambda_p$ 的大柔度（细长）压杆，临界应力可用欧拉公式计算。对于 $\lambda < \lambda_p$ 的小柔度杆，欧拉公式不再适用，工程中对这类压杆的临界应力的计算，一般采用建立在试验基础上的经验公式，主要有直线公式和抛物线公式两种。这里仅介绍直线公式，其形式为

$$\sigma_{cr} = a - b\lambda$$

a 和 b 是与材料有关的常数。例如，对于 Q235A 钢制成的压杆，$a = 304$ MPa，$b = 1.12$ MPa。其他材料的 a 和 b 可以查阅有关手册。

柔度很小的粗短杆的破坏原因主要是应力达到屈服应力或强度极限，其本质是强度问题。因此，对于塑性材料制成的压杆，按经验公式求出的临界应力最高值只能等于 σ_s，设相应的柔度为 λ_s，则

$$\lambda_s = \frac{a - \sigma_s}{b}$$

λ_s 是应用直线公式的最小柔度。对屈服应力为 $\sigma_s = 235$ MPa 的 Q235A 钢，λ_s 为 62。

柔度介于 λ_p 与 λ_s 之间的杆称为中柔度杆或中长杆。$\lambda < \lambda_s$ 的压杆称为小柔度杆或粗短杆。

由以上讨论可知,压杆按其柔度可分为三类,分别应用不同的公式计算临界应力。柔度不小于 λ_p 的细长杆应用欧拉公式;柔度介于 λ_p 与 λ_s 之间的中长杆应用经验公式;柔度小于 λ_s 的粗短杆应用强度条件。图 6-6 所示为临界应力随压杆柔度变化的曲线,称为临界应力总图。

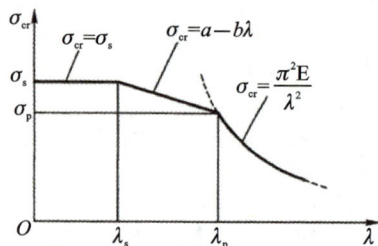

图 6-6

学习任务 1 工作页

班级		姓名		学号	
任务描述				**预期目标**	
任务名称	压杆稳定的临界压力计算			知识目标:掌握压杆稳定性、临界压力和临界应力的概念,掌握细长压杆的欧拉公式,中、小柔度杆临界应力的经验公式。	
任务编号	1			能力目标:学会应用欧拉公式计算临界力和临界应力。	
知识类型	认知型			素质目标:具有求知欲和刻苦学习、钻研的精神,具有归纳总结的能力	

知识认知		
看图并查阅资料,回答相关问题		
图片	**问题**	**解题思路**
	图示两细长压杆的材料和横截面均相同,_____杆的临界压力较大	
	杆 1 和杆 2 的横截面均为圆形,d_1 = 30 mm;两杆材料的弹性模量 E = 200 GPa,a = 304 MPa,b = 1.12 MPa,λ_p = 100,λ_s = 60;稳定安全系数取 3。求压杆 1 的许可荷载	

续表

	学习效果评价反馈	
学生自评	1.掌握稳定性、稳定平衡、不稳定平衡、失稳的概念　　　　　□ 2.掌握柔度、不同约束的长度系数、欧拉公式的适用范围　　□ 3.会运用欧拉公式　　　　　　　　　　　　　　　　　　□ （根据本人实际情况填写：A.会；B.基本会；C.不会）	
学习小组评价	团队合作□　　工作效率□　　交流沟通能力□　　获取信息能力□　　写作能力□　　表达能力□ （根据小组完成任务情况填写：A.优秀；B.良好；C.合格；D.有待改进）	
教师评价		
个人总结与反思		

思考题

1.什么是失稳？什么是稳定平衡与不稳定平衡？

2.试判断以下两种说法是否正确。

（1）临界压力是使压杆丧失稳定的最小荷载。

（2）临界压力是压杆维持直线稳定平衡状态的最大荷载。

3.应用欧拉公式的条件是什么？

4.柔度的物理意义是什么？柔度与哪些量有关系，如何确定各量？

5.利用压杆的稳定条件可以解决哪些类型的问题？试说明步骤。

课后习题

一、判断题

1.压杆的临界压力（或临界应力）与作用荷载大小有关。　　　　　　　　　（　　）

2.两根材料、长度、截面面积和约束条件都相同的压杆，其临界压力也一定相同。

（　　）

3.压杆的临界应力与材料的弹性模量成正比。　　　　　　　　　　　　　（　　）

4.若细长压杆的长度系数增加一倍，临界压力增加到原来的 4 倍。　　　　（　　）

5.一端固定、一端自由的压杆长 1.5 m；压杆外径 $D=76$ mm，内径 $d=64$ mm。材料的弹性模量 $E=200$ GPa，压杆材料的 λ_p 为 100，则杆的临界应力 $\sigma_{cr}\approx135$ MPa。　（　　）

6. 上题压杆的临界压力 $P_{cr}=178$ kN。　　　　　　　　　　　　　　　　　（　　）

二、选择题

1. 细长压杆的长度系数增加一倍，则（　　）。

A. 临界压力增加一倍　　　　　　　　B. 临界压力增加到原来的 4 倍

C. 临界压力为原来的二分之一　　　　D. 临界压力为原来的四分之一

2. 下列结论正确的是（　　）。

（1）若压杆中的实际应力不大于该压杆的临界应力，杆件不会失稳。

（2）受压杆件的破坏均由失稳引起。

（3）压杆临界应力的大小可以反映压杆稳定性的好坏。

（4）若压杆中的实际应力大于 $\dfrac{\pi^2 E}{\lambda^2}$，压杆必定破坏。

A.（1）和（2）　　　B.（2）和（4）　　　C.（1）和（3）　　　D.（2）和（3）

三、填空题

1. 决定压杆柔度的因素是＿＿＿＿＿＿＿＿。

2. 若两根细长压杆的惯性半径相等，当＿＿＿＿＿＿＿＿相同时，它们的柔度相等。

3. 若两根细长压杆的柔度相等，当＿＿＿＿＿＿＿＿相同时，它们的临界应力相等。

4. 大柔度压杆和中柔度压杆一般因＿＿＿＿＿＿＿＿失效，小柔度压杆一般因＿＿＿＿＿＿＿＿失效。

5. 两根大柔度杆的材料、杆长、横截面形状、横截面大小都相同，杆端约束不同。一根为两端铰支，另一根为一端固定、一端自由。那么两根杆的临界压力之比为＿＿＿＿＿＿＿＿。

学习任务 2　　压杆的稳定计算

学习目标

1. 会选用和计算折减系数。
2. 能对压杆进行稳定性计算。
3. 掌握提高压杆稳定性的主要措施。

任务描述

钢管支柱高 $l = 2.2$ m，支柱的两端铰支，外径 $D = 102$ mm，内径 $d = 86$ mm，承受的轴向压力 $P = 300$ kN，许用应力 $[\sigma] = 160$ MPa。试校核支柱的稳定性。

学习引导

本学习任务的脉络如图 6-7 所示。

$$压杆的稳定条件 \longrightarrow 稳定因素的计算 \longrightarrow 提高压杆稳定性的主要措施$$

图 6-7

相关知识

用许用应力的形式表示的稳定条件为

$$\sigma = \frac{P}{A} \leqslant [\sigma]_{ns}$$

稳定许用应力 $[\sigma]_{ns}$ 又表达为强度许用应力 $[\sigma]$ 乘以一个随柔度改变的稳定因数 φ，则压杆的稳定条件为

$$\sigma = \frac{P}{A} \leqslant \varphi[\sigma]$$

A 为横截面的毛面积，因为压杆的稳定性取决于整杆的刚度，不计局部面积的削弱。稳

定因数 φ 以前称为折减系数。"折减"表示稳定许用应力小于强度许用应力,相当于将强度许用应力打了一个折扣。稳定因数可查表 6-3 得出或由公式算出。表中未列出的 λ 对应的稳定因数,用直线内插法计算。

表 6-3

λ	稳定因数				
	Q235A 钢	16 锰钢	木材	MS 以上砂浆的砖石砌体	混凝土
20	0.981	0.973	0.932	0.95	0.96
40	0.927	0.895	0.822	0.84	0.83
60	0.842	0.776	0.658	0.69	0.70
70	0.789	0.705	0.575	0.62	0.63
80	0.731	0.627	0.460	0.56	0.57
90	0.699	0.546	0.371	0.51	0.51
100	0.604	0.462	0.300	0.45	0.46
110	0.536	0.384	0.248		
120	0.466	0.325	0.209		
130	0.401	0.279	0.178		
140	0.349	0.242	0.153		
150	0.306	0.213	0.134		
160	0.272	0.188	0.117		
170	0.243	0.168	0.102		
180	0.218	0.151	0.093		
190	0.197	0.136	0.083		
200	0.180	0.124	0.075		

应用稳定条件,可对压杆进行三个方面的计算。

(1)已知压杆的材料、杆长、截面尺寸、杆端的约束条件和作用力,校核杆件是否满足稳定条件。首先根据 $\lambda = \dfrac{\mu l}{i}$ 计算 λ,然后通过查表或计算得到稳定因数,最后代入稳定条件公式进行稳定性校核。

(2)已知压杆的材料、杆长和杆端的约束条件,需要进行压杆截面尺寸选择时,由于压杆的柔度 λ(或稳定因数 φ)受截面的大小和形状的影响,通常采用试算法。

(3)已知压杆的材料、杆长、杆端的约束条件、截面的形状与尺寸时,压杆所能承受的许用压力的计算公式为

$$[P] \leqslant \varphi A [\sigma]$$

压杆临界压力的大小反映了压杆稳定性的高低。要提高压杆的稳定性,就要提高压杆的临界压力。

(1)减小压杆的长度。压杆的临界压力与杆长的平方成反比,所以减小压杆的长度是提高压杆稳定性的有效措施之一。在条件允许的情况下,应尽可能增加压杆中间支承。

(2)改善杆端支承可减小长度系数,从而使临界应力增大,提高压杆的稳定性。

（3）选择合理的截面形状。压杆的临界应力与柔度的平方成反比，柔度越小，临界应力越大。柔度与惯性半径成反比。因此，要提高压杆的稳定性，应尽量增大惯性半径。由于 $i = \sqrt{I/A}$ ，要选择合理的截面形状，尽量增大惯性矩，如选用空心截面或组合截面（图 6-8）。

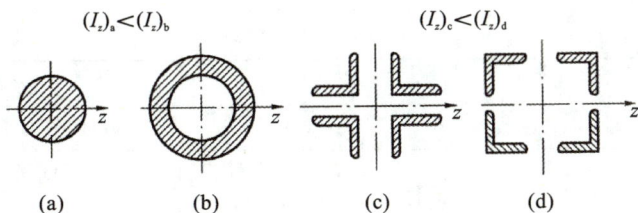

图 6-8

（4）选择适当的材料。在其他条件相同的情况下，可以选择弹性模量高的材料来提高压杆的稳定性。但是，细长压杆的临界压力与强度指标无关，普通碳素钢与合金钢的弹性模量相差不大，因此采用高强度合金钢不能提高压杆的稳定性。

（5）改善结构受力情况。在可能的条件下，可以从结构形式方面采取措施，改压杆为拉杆，避免失稳问题。如图 6-9 所示，斜杆从受压杆变为受拉杆。

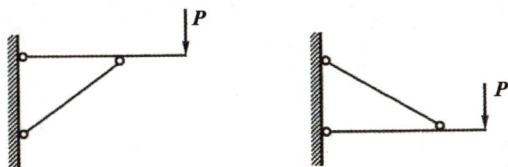

图 6-9

例 6-1　钢管支柱高 $l=2.2$ m，支柱的两端铰支，外径 $D=102$ mm，内径 $d=86$ mm，承受的轴向压力 $P=300$ kN，许用应力 $[\sigma]=160$ MPa。试校核支柱的稳定性。

解：钢管支柱两端铰支，故 $\mu=1$。

钢管截面的惯性矩为

$$I=\frac{\pi}{64}(D^4-d^4)=\frac{\pi}{64}(102^4-86^4)\ \text{mm}^4=2.63\times10^6\ \text{mm}^4$$

钢管截面面积为

$$A=\frac{\pi}{4}(D^2-d^2)=\frac{\pi}{4}(102^2-86^2)\ \text{mm}^2=2.36\times10^3\ \text{mm}^2$$

惯性半径为

$$i=\sqrt{\frac{I}{A}}=\sqrt{\frac{2.63\times10^6}{2.36\times10^3}}\ \text{mm}=33.4\ \text{mm}$$

柔度为

$$\lambda=\frac{\mu l}{i}=\frac{1\times2200}{33.4}=66$$

查表 6-3 得：当 $\lambda=60$ 时，$\varphi=0.842$；当 $\lambda=70$ 时，$\varphi=0.789$。

用直线内插法确定 $\lambda=66$ 时的 φ，即

$$\varphi=0.842-\frac{66-60}{70-60}(0.842-0.789)=0.842-0.032=0.81$$

校核稳定性：

$$\sigma = \frac{P}{A} = \frac{300 \times 10^3}{2.36 \times 10^3} \text{ MPa} = 127.1 \text{ MPa}$$

$$\varphi[\sigma] = 0.81 \times 160 \text{ MPa} = 128 \text{ MPa}$$

因 $\sigma < \varphi[\sigma]$，支柱满足稳定条件。

学习任务 2 工作页

班级		姓名		学号	
任务描述				预期目标	
任务名称	压杆的稳定计算		知识目标:掌握不同柔度的杆的临界压力和临界应力的计算;掌握压杆稳定条件及稳定计算;掌握提高稳定的措施。		
任务编号	2		能力目标:明确压杆的稳定条件,掌握稳定性计算。		
知识类型	认知型		素质目标:具有求知欲和刻苦学习、钻研的精神,具有归纳总结的能力		

知识认知		
看图并查阅资料,回答相关问题		
图片	问题	解题思路
 (a) (b) (c) (d)	四根压杆的材料及截面均相同,试判断哪根杆最容易失稳、哪根杆最不容易失稳	
	已知柱的上端铰支、下端固定,外径 $D=200$ mm,内径 $d=100$ mm,柱长 $l=9$ m;材料为 Q235A 钢,$E=200$ GPa。求柱的临界应力	

学习效果评价反馈		
学生自评	1.掌握四种支撑情况的临界应力计算公式	☐
	2.掌握细长压杆的稳定性计算	☐
	3.掌握提高稳定性的措施	☐
	(根据本人实际情况填写:A. 会;B. 基本会;C. 不会)	

续表

学习小组评价	团队合作☐　工作效率☐　交流沟通能力☐　获取信息能力☐　写作能力☐　表达能力☐ （根据小组完成任务情况填写：A.优秀；B.良好；C.合格；D.有待改进）
教师评价	
个人总结与反思	

思考题

1.什么是稳定系数？稳定系数随哪些因素变化，为什么？

2.提高压杆的稳定性可以采取哪些措施？采用优质钢材对提高压杆稳定性的效果如何？

3.什么是临界压力？什么是临界应力？

4.细长杆、中长杆、短粗杆分别用什么公式计算临界应力？

5.欧拉公式的适用范围是什么？

6.什么是压杆的柔度？柔度的物理意义是什么？

7.当压杆的横截面的 I_z 和 I_y 不相等时，应计算哪个方向的稳定性？

8.什么是稳定因数？如何用稳定因数计算压杆的稳定性问题？

课后习题

一、选择题

1. 如果细长压杆有局部削弱，削弱部分对压杆的影响正确的是（　　　）。

A.对稳定性和强度都有影响

B.对稳定性和强度都没有影响

C.对稳定性有影响，对强度没有影响

D.对稳定性没有影响，对强度有影响

2. 若细长压杆的长度系数增加一倍，临界压力（　　　）。

A.增加一倍　　　　　　　　B.为原来的四倍

C.为原来的四分之一　　　　D.为原来的二分之一

3. 正方形截面杆的横截面边长 a 和杆长 l 成比例增加,它的长细比(　　　)。

A. 成比例增加　　　B. 不变　　　　　　C. 按 $\left(\dfrac{l}{a}\right)^2$ 变化　D. 按 $\left(\dfrac{a}{l}\right)^2$ 变化

二、判断题

1. 当压杆的中心压力大于临界压力时,杆原来的直线形式的平衡是不稳定的平衡。

(　　)

2. 临界压力只与压杆的长度及两端的支承情况有关。　　　　　　　　　(　　)

3. 对于细长压杆,临界压力不应大于比例极限。　　　　　　　　　　　(　　)

4. 压杆的柔度与压杆的长度、横截面的形状和尺寸以及两端的支承情况有关。(　　)

5. 对压杆进行稳定计算时,公式中压杆的横截面面积应采用毛面积。　　(　　)

6. 压杆的长度系数与压杆的长度,横截面的形状、大小有关。　　　　　(　　)

7. 从压杆的稳定性考虑,当两端沿两个方向支承情况不同时,选取矩形或工字形截面比较合理。　　　　　　　　　　　　　　　　　　　　　　　　　　　　(　　)

三、计算题

1. 试用欧拉公式计算下面两种情况下轴向受压圆截面木柱的临界压力和临界应力。已知木柱长 $l=3.5$ m,直径 $d=200$ mm,弹性模量 $E=10$ GPa。

(1)两端铰支。

(2)一端固定、另一端自由。

2. 一端固定、另一端自由的细长压杆如图 6-10 所示。该杆是由 14 号工字钢做成的。已知钢材的弹性模量 $E=200$ GPa,材料的屈服极限 $\sigma_s=240$ MPa,杆长 $l=3$ m。

(1)求该杆的临界压力。

(2)从强度角度计算该杆的屈服荷载 P_s,并将 P_{cr} 与 P_s 进行比较。

3. 一端固定、另一端自由的矩形截面受压木杆的杆长 $l=2.8$ m,截面尺寸 $b\times h=100$ mm×200 mm。轴向压力 $P=20$ kN。木材的许用应力 $[\sigma]=10$ MPa。试对该压杆进行稳定性校核。

4. 图 6-11 所示的三铰支架中,BD 杆为圆截面钢杆,$P=50$ kN,BD 杆材料的许用应力 $[\sigma]=160$ MPa,直径 $d=50$ mm。

(1)校核压杆 BD 的稳定性。

(2)从 BD 杆的稳定性考虑,求三铰支架能承受的最大安全荷载。

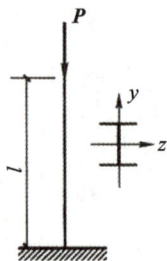

图 6-10

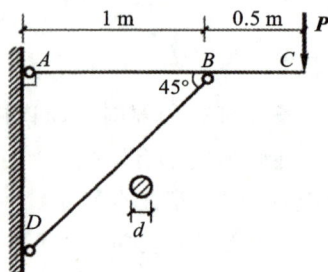

图 6-11

模块小结

（1）压杆稳定问题是工程力学研究的内容之一。

（2）确定压杆的临界压力是解决压杆稳定问题的关键。压杆临界压力和临界应力的计算，应根据压杆柔度分别进行。

细长杆：$P_{cr} = \dfrac{\pi^2 EI}{(\mu l)^2}$，$\sigma_{cr} = \dfrac{\pi^2 E}{\lambda^2}$。

中长杆：$\sigma_{cr} = a - b\lambda$，$P_{cr} = \sigma_{cr} A$。

短粗杆：属于强度问题，应按强度条件进行计算。

（3）柔度是一个重要的概念，它综合考虑了杆件的长度、截面形状、截面尺寸以及杆端约束条件的影响。

$$\lambda = \frac{\mu l}{i}$$

柔度越大，临界压力与临界应力越小。这说明当压杆的材料、横截面面积一定时，柔度越大，压杆越容易失稳。因此，两端支承情况和截面形状沿两个方向不同的压杆失稳时，总是沿柔度大的方向失稳。

（4）考虑稳定因数的稳定条件为

$$\sigma = \frac{P}{A} \leqslant \varphi[\sigma]$$